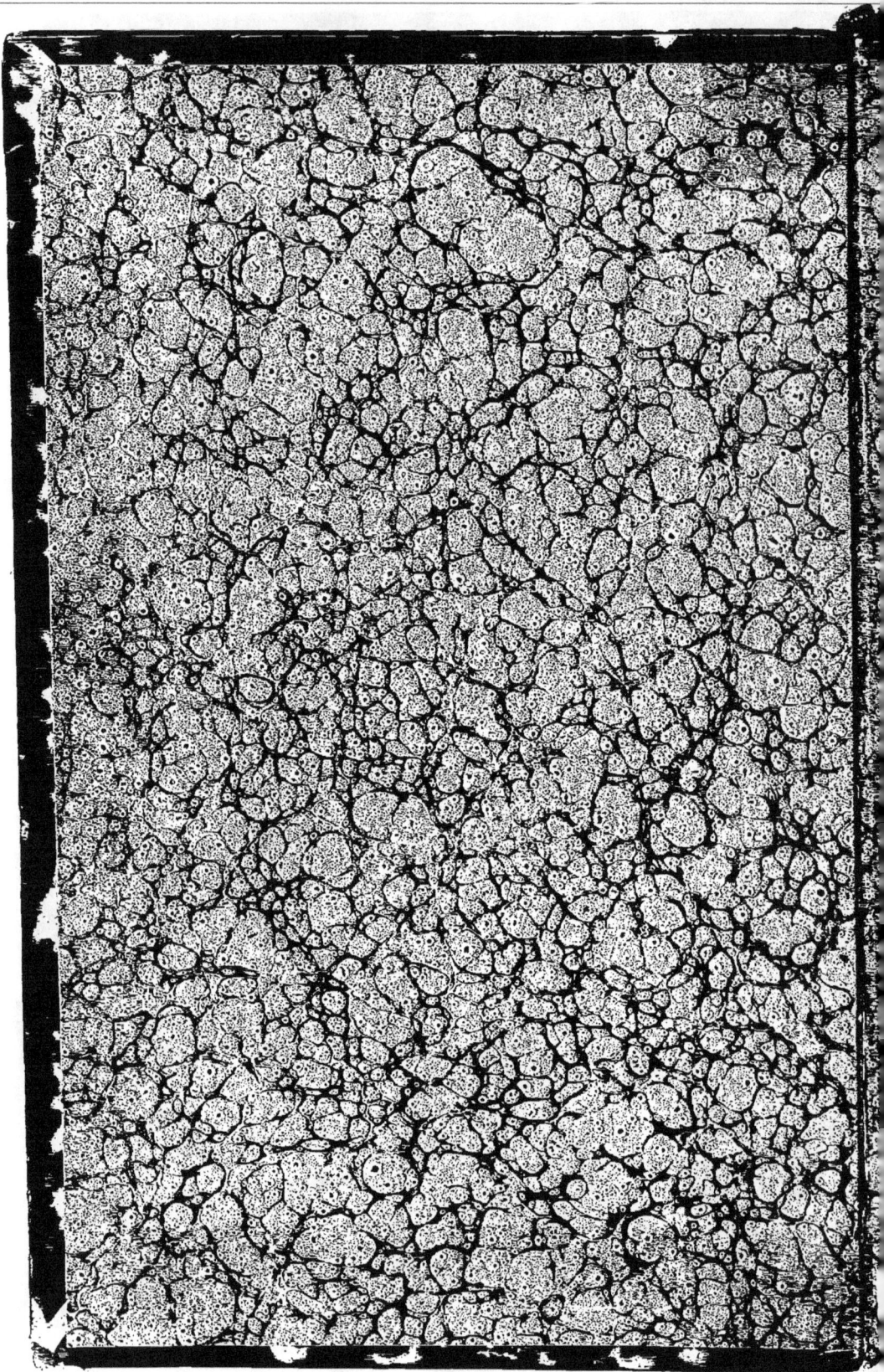

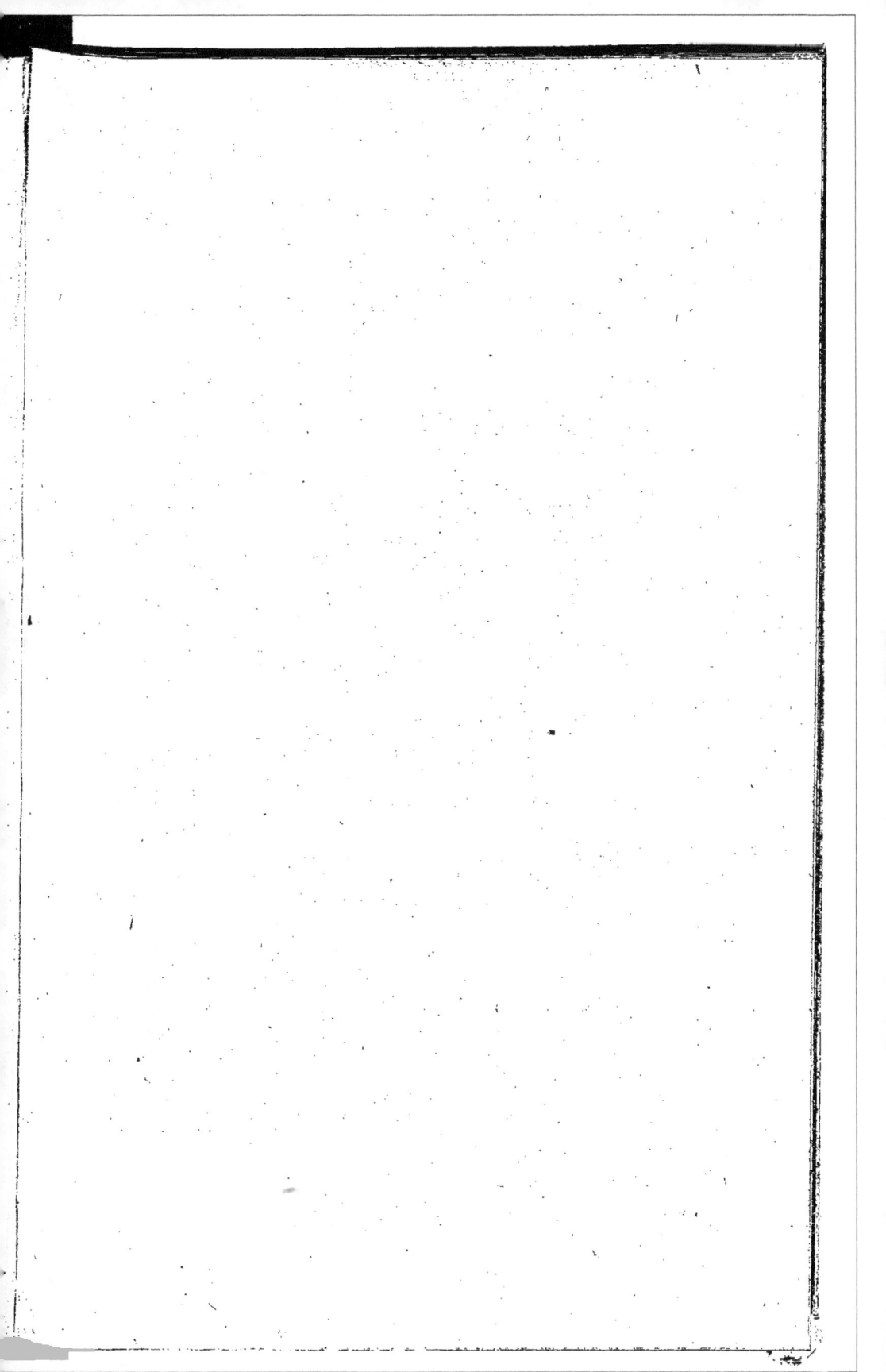

Tb 11 8

RECHERCHES

PHYSIOLOGIQUES,

ET EXPÉRIENCES

SUR LA VITALITÉ,

PAR J. J. SUE,

MÉDECIN ET PROFESSEUR D'ANATOMIE,
Membre des Sociétés de Médecine, d'Histoire
Naturelle, des Sciences, Lettres et Arts de
Paris, des Sociétés de Médecine de Bruxelles,
de Zurich, d'Edimbourg et de Philadelphie, etc.

*Lues à l'Institut national de France, le 11
Messidor, an V de la République.*

Suivies d'une nouvelle Edition de son Opinion sur
le supplice de la guillotine ou sur la douleur qui
survit à la décolation.

A PARIS,

Chez { L'AUTEUR, rue Neuve Luxembourg, N°. 169.
FUCHS, Libraire, rue des Mathurins, Maison de Cluny.

An VI. (1797.)

AVERTISSEMENT.

IL n'est pas inutile de faire précéder ce Mémoire de quelques observations sur les motifs qui m'ont engagé dans les recherches qu'il contient, et qui m'ont porté à le publier avec les expériences qui l'accompagnent.

Occupé, depuis long-temps, de l'étude de l'Anatomie, de la Physiologie et de la pratique de la Médecine, il m'a paru que, dans l'état où l'on avoit porté la première de ces sciences, il étoit temps de tâcher d'aller plus avant, et de pénétrer dans les mystères des sensations et des mouvemens des animaux.

Le célèbre Méry disoit, comme le rapporte Fontenelle dans son Éloge, que les Anatomistes ressemblent aux crocheteurs de Paris qui connoissent toute les rues, même jusqu'aux plus petites et aux plus écartées, mais qui ne savent pas ce qui se passe dans les maisons. Néanmoins j'ai cru, pour suivre cette ingénieuse comparaison, qu'au point où en étoient les choses, les Anatomistes pouvoient tenter et voir s'il n'y avoit pas moyen de pénétrer dans ces maisons, et de parvenir à découvrir quelques - uns des secrets de leur intérieur.

D'un autre côté, en examinant les opinions répandues sur les points les plus importans de l'animalité, il m'a paru qu'on avoit été beaucoup trop loin en regardant comme des lois générales de l'organisation et de la génération des animaux ce qui n'appartient qu'à certaines classes des êtres vivans.

Cependant j'ai tâché de démontrer combien la Nature est féconde en ressources, et quelle variété de moyens elle sait employer pour parvenir au même but. Au reste, tout ce que j'expose est le résultat des faits ; je ne les ai présentés qu'avec cette réserve dont ne s'écarte jamais l'homme qui cherche de bonne foi la vérité ; et si j'ai parlé du grand rôle que jouent les nerfs dans l'organisation animale, c'est que ce fait important m'a semblé une conséquence naturelle de toutes les observations.

Je n'entreprendrai point ici de répondre à ce qu'a dit à ce sujet le citoyen Lassus dans le rapport qu'il a fait sur mon Mémoire à la première classe de l'Institut. Je laisse aux personnes qui le liront à examiner, à peser les faits ; on y verra des phénomènes assez singuliers et assez extraordinaires pour attirer l'attention des Savans, des Physiologistes et des Médecins.

La classe de l'Institut, qui a regardé ces recherches comme pouvant être utiles, a conclu à ce qu'elles fussent imprimées, et elle m'a fait l'honneur de décider en conséquence qu'elles seroient insérées dans les Mémoires des Savans Etrangers qu'elle se propose de publier à l'instar de ceux de la ci-devant Académie des Sciences ; mais comme les travaux de l'Institut et d'autres circonstances ne lui permettront peut-être pas de faire paroître ce Recueil de sitôt, j'ai espéré qu'il me verroit avec quelque indulgence accélérer cette publication dans un temps où les Physiologistes sont occupés de recherches sur la sensibilité dans les animaux.

L'édition de mon opinion sur le supplice

de la guillotine, ou sur la douleur qui survit à la décolation, étant épuisée, j'ai cru devoir la faire réimprimer avec des changemens que l'expérience et l'observation m'ont suggérés, et l'ajouter à ces recherches, afin de réunir une série d'idées plus complète sur la vitalité.

RECHERCHES

PHYSIOLOGIQUES,

ET EXPÉRIENCES

SUR LA VITALITÉ,

PAR J. J. SUE,

MÉDECIN ET PROFESSEUR D'ANATOMIE.

Lues à l'Institut national de France le 11 Messidor, an V de la République.

Excité, comme tous les amis des arts et des sciences, par les efforts de l'Institut national pour leur rendre le lustre et l'éclat qu'ils avoient acquis, et qu'ils n'auroient jamais dû perdre ; convaincu que tous les savans et tous les artistes doivent se faire un devoir de présenter à l'Institut les fruits de leurs travaux lorsqu'ils les croient dignes de son attention, je me suis déterminé à soumettre à votre jugement, citoyens, les résultats de mes recherches physiologiques et de mes expériences sur les phénomènes qu'on observe dans les animaux lorsqu'on a séparé

A

la tête du tronc, et sur ceux de l'excitement de la fibre organique par le contact des substances métalliques.

Ma détermination est devenue plus ferme lorsque j'ai appris, qu'afin de ranimer l'ardeur de ceux qui font des recherches et des expériences sur cette espèce d'électricité ou de courant métallique, vous aviez nommé une commission, non-seulement pour répéter les expériences de Galvani, mais encore pour en tenter de nouvelles, et pénétrer les mystères des mouvemens singuliers que présente la fibre organique dans cette espèce d'électricité.

La science de l'anatomie ou la description de la situation et de la structure des différentes parties du corps humain a été portée dans ce siècle presque au dernier degré de perfection. Les anatomistes et les physiologistes les plus célèbres ont senti qu'il étoit temps de diriger leurs recherches vers les causes des mouvemens des animaux et les ressorts cachés de leurs sensations ; mais comme les nerfs y jouent le plus grand rôle, ils ont reconnu la nécessité d'en avoir, avant tout, des descriptions exactes. C'est dans ces vues que Meckel s'est occupé de la description des nerfs de la face, où se peignent tous les sentimens de l'ame ; que Walther a exposé fort en détail ceux de la poitrine et du bas-ventre, dont la connoissance est si essentielle dans nombre de maladies ; que Girardi nous a donné une excellente dissertation sur l'origine et les ramifications du nerf intercostal, dont l'Académie des Sciences avoit regardé la description comme si importante, qu'elle en

a fait le sujet d'un prix en 1788 (1) ; que d'autres
anatomistes, enfin, se sont appliqués à découvrir la
nature et la structure des ganglions et des plexus.
Je m'en suis particulièrement occupé, parce que je
regarde la connoissance de ces organes nerveux,
sur-tout des premiers, comme très-propre à répandre
un grand jour sur les phénomènes du mouvement
et de la sensibilité des animaux. Il me semble même,
d'après les différentes observations et expériences que
j'ai faites sur ces ganglions, qu'ils sont autant de
magasins où la force vitale et la sensibilité se trouvent
réunies pour passer ensuite aux nerfs qui en sortent
ou qui sont en communication avec eux, et augmenter
par-là leur force active.

On a cherché à reconnoître si ce fluide nerveux
ou cette substance qui paroît remplir les nerfs avoit
un mouvement de circulation ; mais tous les efforts
tentés jusqu'ici n'ont encore rien appris. Il y a plus,
quoique selon les anciens physiologistes le cerveau
soit le siége unique du sentiment, et soit regardé
comme le foyer d'où partent tous les mouvemens,
et où vont se rendre toutes les sensations, cette
opinion paroît aujourd'hui, d'après plusieurs observations, sujète à de grandes et nombreuses difficultés ;
on va en juger par quelques-unes que je vais rapporter.

(1) L'Académie avoit déjà proposé ce prix pour l'année 1786, mais aucun des Mémoires envoyés à cette épo-
que n'ayant mérité d'être couronné, le prix fut remis à l'année 1788, cependant le volume de cette année n'en parle
pas, non plus que celui de 1789. J'ignore si ce prix a été
remporté.

Il est certain, et cela est consigné dans nombre de recueils anatomiques, qu'on a trouvé dans plusieurs animaux qui paroissoient jouir de la meilleure santé, et même chez l'homme, le cerveau dur comme un caillou. Il y a plusieurs années qu'un maître des requêtes mort subitement fut ouvert ; on trouva une grande partie de son cerveau ossifiée ; cependant il paroissoit avant sa mort se porter très-bien, et jouir de toutes les facultés de son esprit (2).

On demandera peut-être comment on peut jouir des fonctions vitales et du sentiment dans cet état d'ossification du cerveau, lorsque les moindres lésions de ce viscère suffisent souvent pour produire la paralysie. Je répondrai que nous sommes encore dans une ignorance si profonde sur la nature du cerveau et des nerfs, que nous ne savons pas jusqu'à quel point ceux-ci peuvent le suppléer ; d'ailleurs, que peut-on opposer à des faits ? On ne sauroit s'empêcher d'en conclure que chez les individus qui les ont fournis, le siége du sentiment, qui ne pouvoit être dans le cerveau, vu son état de dureté, devoit exister ailleurs. On a vu nombre de fœtus nés à terme ou à-peu-près sans cerveau et même sans tête, quoique bien conformés dans les autres parties de leur corps : voici des observations qui viennent à l'appui de ce que j'avance.

(2) Je tiens ce fait du citoyen Leroy, membre de l'Institut ; il me l'a assuré de la manière la plus positive, et comme ayant connu personnellement ce maître des requêtes, qui s'appeloit Vougny.

Première Observation.

On lit dans les commentaires de Léipsick, tome 17, page 528, qu'une fille qui n'avoit ni cerveau, ni moélle alongée, ni nerfs olfactifs, vécut quinze heures après sa naissance, et mourut dans des attaques d'épilepsie.

Seconde Observation.

Méri a vu et disséqué un fœtus venu à terme et bien formé, dans lequel il n'a trouvé ni cerveau, ni cervelet ; mais dans le canal de l'épine il y avoit un filet de moelle plus petit qu'il n'auroit dû être naturellement.

Troisième Observation.

Fauvel rapporte dans l'histoire de l'Académie des Sciences, 1711, page 26, qu'il a vu un fœtus venu à terme vivre deux heures, quoique n'ayant ni cerveau, ni cervelet, ni moelle épinière (3).

Quatrième Observation.

Méri a vu un fœtus mâle, venu à terme, qui n'avoit ni cerveau, ni cervelet, ni moelle de l'épine,

(3) Il n'est peut-être pas inutile de rapporter ici une réflexion de l'illustre Fohtenelle sur ce sujet. Ce n'est pas la première fois, dit-il, que l'on a vu ce fait, dont on tire une terrible objection contre les esprits animaux qui doivent s'engendrer dans le cerveau, ou tout au moins dans la moelle épinière, et que l'on croit communément si nécessaires à toute l'économie animale.

vivre 21 heures, et prendre quelque nourriture ; la
dure-mère et la pie-mère faisoient canal dans les
vertèbres.

Cinquième Observation.

J'ai disséqué, il y a deux ans, en présence des
élèves de la ci-devant Ecole de Chirurgie, un
fœtus à terme, dans lequel il n'existoit ni cerveau,
ni cervelet, ni moelle alongée et épinière, pas
même de canal vertébral, et cependant on y trou-
voit les dix premières paires de nerfs, les paires
cervicales, dorsales, lombaires et sacrées, avec
leurs divisions et sous-divisions dans les extrémités,
ainsi que les grands sympathiques, les viscériques
et la huitième paire. L'enfant avoit eu des mouvemens, et avoit vécu sept heures. J'en conserve
le squelette dans mon muséum. (Voy. la 1re. et
la 2e. pl.)

Sixième Observation.

J'ai encore disséqué, en présence des mêmes élèves,
un fœtus de cinq mois, qui n'avoit ni tête, ni poitrine, ni estomac, ni intestins grêles ; et cependant
la moitié inférieure du bas-ventre étoit complète avec
le cordon ombilical, une portion des muscles droits
du ventre, des grands obliques, des transverses, le
péritoine, le cœcum, le colon, le rectum, la vessie,
les organes sexuels mâles internes et externes étoient
en bon état ; les cinq vertèbres lombaires, le bassin,
très-régulier d'un côté, et l'extrémité inférieure gauche étoient bien conformés.

Pl. 1.re

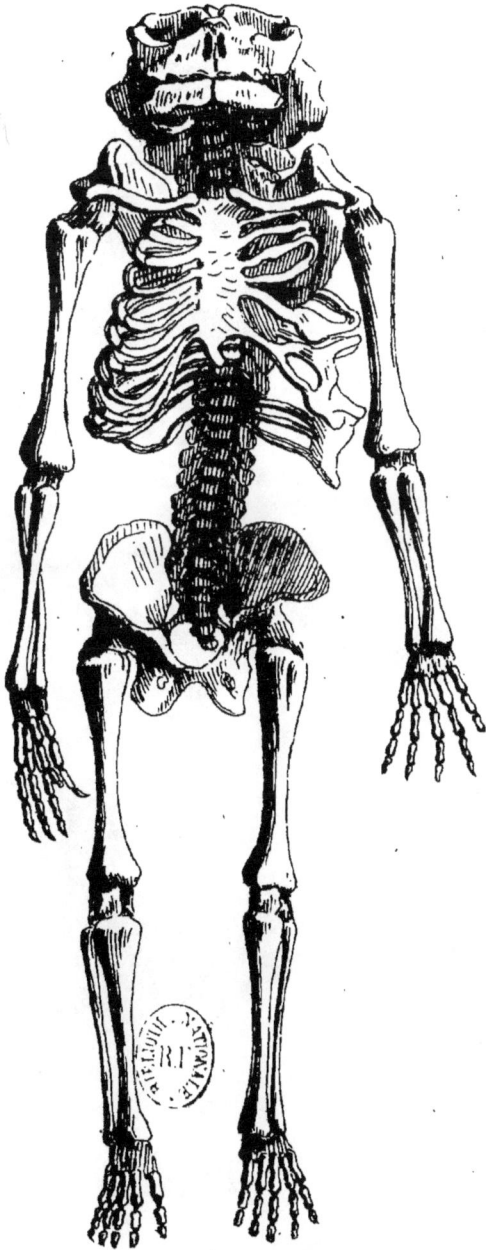

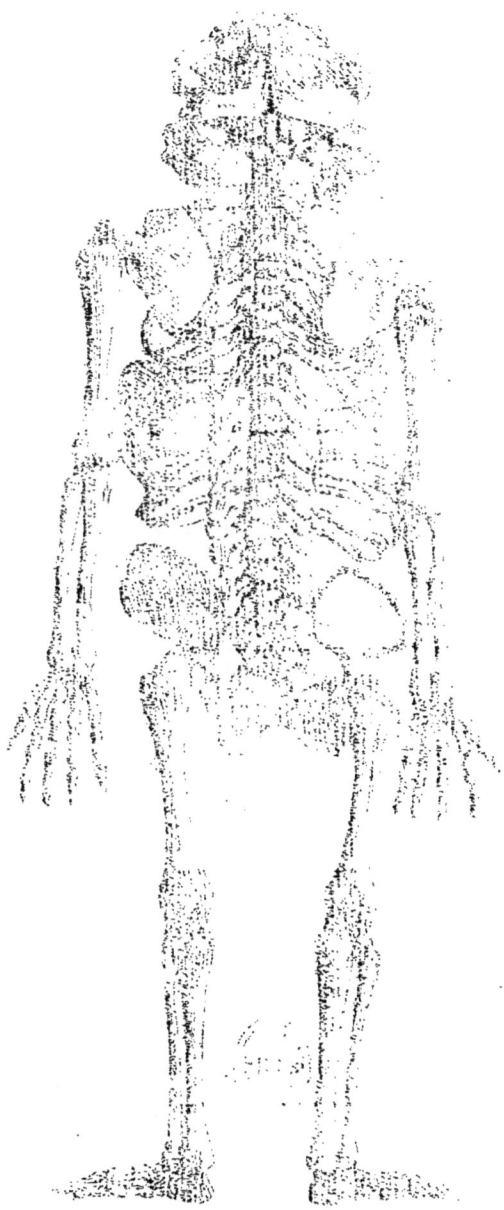

Pl. 3.me

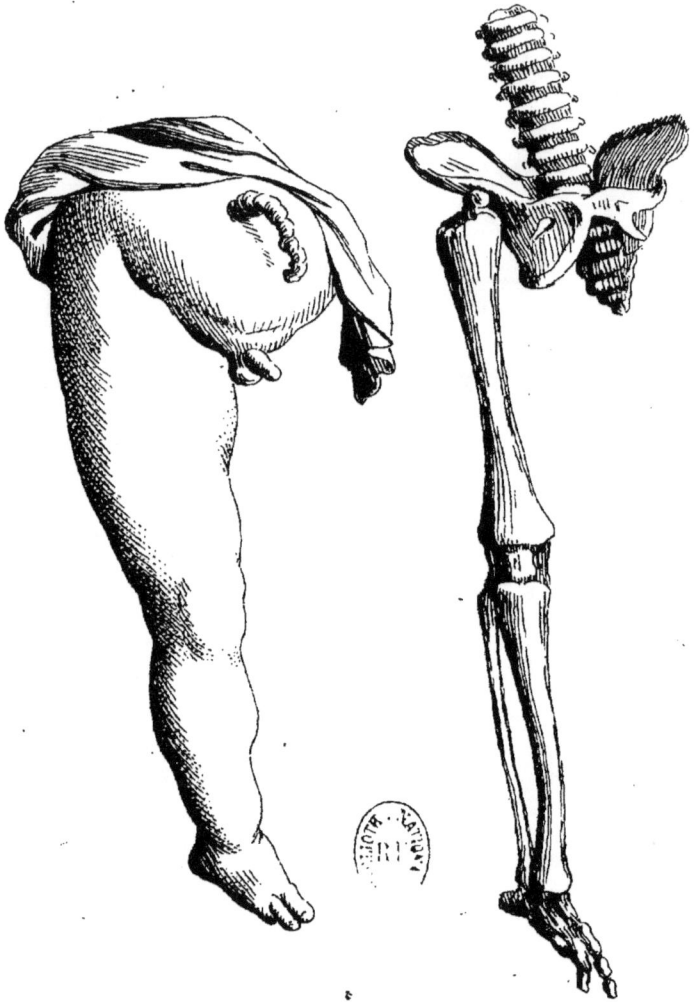

Les muscles des cuisses, [...] grêles [...]
[...] étant [...] distinct [...]
[...] lombal [...]
nerfs aussi-bien distribués [...]
le sujet eût été entier.

Je conserve également le squelette [...]
dans mon muséum. (Voy. la 2e. pl.)

De tous ces faits ne doit-on pas conclure [...]
siège du sentiment ou de la force organique qui
dans ces individus avoit concouru ou présidé à leur
développement n'étoit pas dans leur cerveau?

Je dis la force organique qui avoit présidé à leur
développement, car tout annonce que c'est la force
nerveuse qui, par une action constante [...]
présent, [...] si le sentiment dans [...]
doit ailleurs que dans le cerveau, c'est [...]
où il existoit. Tout porte à croire qu'il existoit dans
la moelle épinière, qu'on a plusieurs fois trouvée
en tout ou en partie, alors [...]
[...] d'[...] peut [...]
ce faisceau de nerfs [...]
partie des effets qu'on attribue au cerveau, et même
le développement dont nous venons de parler.

Les nombreuses expériences du célèbre Pourfour
de la [...] Petit [...] semblent confirmer [...]
[...] en ce sens [...] montrent que [...]
se multiplie de nouveau dans [...]
puisque c'en est vain que l'on stigate ou qu'on [...]
même les parties supérieures de la moelle [...]
pour produire des mouvemens dans les parties auxquels plusieurs de ces filets vont se rendre.

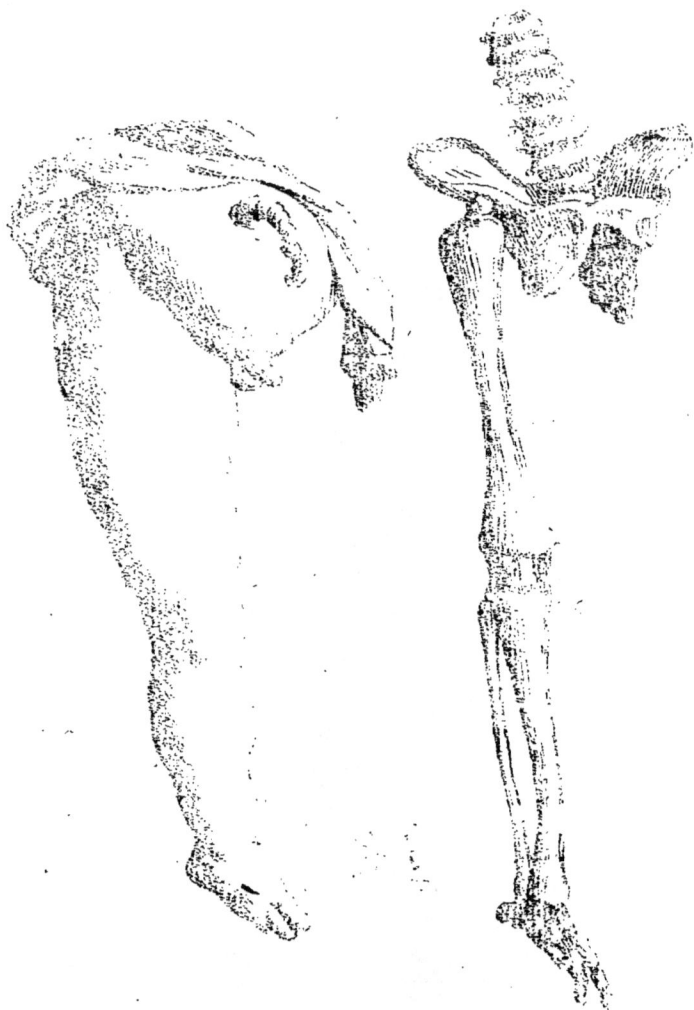

Les muscles, les artères, les veines de toutes
ces parties étoient très-distincts. Il y avoit une
moelle épinière lombaire et sacrée, fournissant des
nerfs aussi-bien distribués et aussi complets que si
le sujet eût été entier.

Je conserve également le squelette de ce fœtus
dans mon muséum. (Voy. la 3e. pl.)

De tous ces faits ne doit-on pas conclure que le
siége du sentiment ou de la force organique qui
dans ces individus avoit concouru ou présidé à leur
développement n'étoit pas dans leur cerveau?

Je dis la force organique qui avoit présidé à leur
développement, car tout annonce que c'est la partie
nerveuse qui, par son action, concourt à ce développement; mais si le sentiment dans ces fœtus rési-
doit ailleurs que dans le cerveau, on demandera
où il existoit. Tout porte à croire qu'il existoit dans
la moelle épinière, qu'on a plus constamment trouvée,
en tout ou en partie, dans les fœtus sans cerveau
ou sans tête, d'où il paroit qu'une seule portion de
ce faisceau de nerfs suffit pour produire une grande
partie des effets qu'on attribue au cerveau, et même
le développement dont nous venons de parler.

Les nombreuses expériences du célèbre Fontana
sur la moelle épinière semblent confirmer cette
fonction; en effet, elles montrent que plusieurs de
ses nerfs ne descendent ou ne partent pas du cerveau,
puisque c'est en vain que l'on stimule ou que l'on
excite les parties supérieures de la moelle épinière
pour produire des mouvemens dans les muscles auxquels plusieurs de ces filets vont se rendre, et qui res-

tent immobiles : or cette immobilité fournit une preuve
incontestable que les filets nerveux qui sont la
cause de leurs mouvemens ne descendent pas du
cerveau ; car s'ils en descendoient, ces stimulations
ou excitemens ne manqueroient pas de les mettre en
action. Tous les anatomistes conviennent que, dès
qu'on excite un filet nerveux quelconque, tous les
muscles auxquels il se porte ou dans lesquels il se
ramifie se contractent, et entrent en convulsion.

Ce que nous venons de dire sur ces filets nerveux qui ne descendent pas du cerveau nous paroît
mériter la plus grande attention, parce qu'il en résulte qu'ils ont en eux-mêmes tout ce qui appartient au sentiment, et tout ce qui est nécessaire pour
le mouvement des parties auxquelles ils se distribuent ; en sorte que leurs effets ne dépendent en
aucune façon du cerveau.

Mais ce qui paroîtra encore plus surprenant à ceux
qui ne jugent que d'après ce qu'ils ont communément sous les yeux, c'est qu'une tortue dont on
emporte la cervelle vit encore environ six mois
en exécutant tous ses mouvemens ordinaires, et si
on lui coupe la tête, la circulation du sang continue pendant plus de douze jours (4).

Il paroît donc résulter de ces observations que
le siége du sentiment qu'on avoit regardé comme
résidant uniquement dans le cerveau, peut exister
encore dans d'autres parties, et existe réellement
dans la moelle épinière, puisqu'il est impossible d'ex-

(4) *Osservazioni di Francesco Redi. Napoli*, 1687, p. 126.

pliquer, sans cette supposition, les phénomènes de vitalité et de sensibilité observés dans les individus qui n'avoient pas de cerveau ; j'avoue cependant qu'on peut opposer à cette supposition une difficulté très forte qui mérite que je m'y arrête. On demandera comment, lorsqu'il n'y a pas de cerveau, et par conséquent lorsque la moelle épinière ne sauroit communiquer directement par son moyen avec le cœur, elle peut recevoir de ce dernier l'action et le mouvement si nécessaires à l'entretien de toutes les parties du corps.

Les mêmes expériences de l'abbé Fontana suffiront pour résoudre cette difficulté, puisqu'il en résulte que plusieurs nerfs de la moelle épinière, quoique ne descendant pas du cerveau, jouissent cependant à cet égard des mêmes avantages que ceux qui en viennent directement. Il suit nécessairement de là que les premiers communiquent d'une autre manière ou sans l'intermédiaire de cet organe avec le cœur ; ainsi dans les individus qui n'avoient pas de cerveau, et dont nous avons fait mention, ces nerfs de la moelle épinière ont dû communiquer avec le cœur par des moyens semblables. D'ailleurs, la nature entretient une communication si générale entre toutes les parties, que lorsque ces communications se trouvent détruites par quelques causes, elle ne manque pas de s'en ouvrir de nouvelles, comme l'observation le fait voir tous les jours.

La moelle épinière paroît donc pouvoir jusqu'à un certain point remplacer ou suppléer le cerveau, et en remplir les fonctions. Je ne suis pas le premier

qui ait eu cette opinion ; mais on ne l'avoit pas encore
établie par une suite de faits aussi propres à en démontrer la vérité. Au reste, il faut le répéter, la
nature véritable des nerfs nous est encore fort in-
connue, ainsi que la manière dont, par leur moyen,
se produisent nos sensations. Plusieurs phénomènes
semblent même annoncer qu'ils sont doués de propriétés que nous ne connoissons pas davantage ; ils
portent avec eux une force d'action qui survit long-
temps après que les parties auxquelles ils appartien-
nent ont été séparées du corps. On peut même, après
cette séparation, ranimer les mouvemens de ces
parties de la manière la plus sensible. Cette propriété,
à laquelle on n'a pas fait jusqu'ici assez d'attention,
rend les corps organisés bien différens des machines
qu'on leur a si souvent comparées ; dans celles-ci,
tout mouvement cesse à l'instant où les parties ne
communiquent plus avec la force motrice ; mais celles
d'un individu animé, quoiqu'elles en soient séparées,
conservent encore pendant un temps, souvent même
considérable, une partie de leurs mouvemens ou de
leur vitalité. Ces phénomènes de la vitalité sont sans
nombre ; et plus on les observe, plus on a lieu d'être
etonné de leurs effets. Je pourrois en rapporter une
foule ; mais je me contenterai de citer une observation tirée des expériences que j'ai faites pour découvrir ce qui arrive aux animaux après leur décolation.

Dans une de ces expériences, la tête d'un dindon
ayant été séparée de son corps d'un seul coup, le
dindon tomba comme mort et sans mouvement ; mais

peu de temps après il se releva sur ses pattes; il agita
ses ailes, et enfin donna des signes d'une force d'action très-singulière. Ce qui doit paroître ici le plus
difficile, c'est d'expliquer comment il a pu y avoir
dans le corps de cet animal sans tête, dont la moelle
épinière ne pouvoit plus par-là communiquer directement avec le cœur, comment, dis-je, il a pu y
avoir dans le corps de cet animal, dont à la vérité
le cœur battoit encore, une révolution ou un changement tel, qu'il en soit résulté dans les nerfs des
effets capables de reproduire, après la séparation
de la tête, des mouvemens aussi marqués et aussi
extraordinaires. Si cette vitalité des animaux, ou
plutôt de leurs parties après qu'elles sont séparées
du tout, nous présente des phénomènes aussi sin-
gulie s dans les quadrupèdes, les oiseaux, les poissons, les amphibies, etc., elle nous en fait voir qui
le sont encore bien davantage dans les insectes et
autres individus de cette espèce, quoique la durée
de leur vie soit bien courte; mais ces phénomènes
doivent d'autant moins nous étonner, qu'ils tiennent
nécessairement à la nature de l'organisation de ces
individus que nous sommes encore si loin de connoître. On conçoit en effet que ces phénomènes doivent toujours être subordonnés à cette organisation,
et que lorsqu'elle n'est pas de nature, par exemple,
à ce que le retranchement d'une certaine partie du
corps ne détruise pas l'harmonie qui règne entre
les autres, la vie peut subsister encore dans celles-ci
pendant un temps considérable; mais c'est ce que
nous avons de la peine à croire, parce que, tou-

jours portés à déduire des lois trop générales de nos observations particulières, nous sommes très-étonnés lorsque nous voyons des faits qui paroissent les contredire.

On regardoit comme constant, il n'y a pas encore très-long-temps, que le système d'organisation adopté par la nature dans les parties vitales d'un grand nombre d'individus étoit celui de tous les êtres animés ; mais on apprit, par des observations nouvelles, que cette conclusion étoit trop précipitée et détruite par des faits entièrement contraires, qui, quoique surprenans, n'en étoient pas moins incontestables.

En effet, ont vit des êtres doués du mouvement et de la volonté, les *polypes*, non-seulement conserver leur vitalité après avoir été coupés et partagés en deux ou trois parties, etc., mais encore y joindre une autre faculté mille fois plus étonnante, celle de se reproduire, de manière qu'il naissoit à chacune des parties coupées la partie ou les parties qui lui avoient été enlevées, et qui lui manquoient pour former un individu complet, ou tout-à-fait semblable au premier : et il faut observer que ce n'est point ici la simple reproduction d'une partie du corps qui s'opère par l'action énergique d'une autre partie plus importante qui a été conservée, comme on le voit dans les écrevisses et les salamandres qui ont perdu leurs serres ou leurs pattes ; ce sont les parties que nous regardons même comme essentielles à la vie de l'animal qui se trouvent reproduites, et cette faculté reproductrice existe non-seulement dans ce qu'on regarde comme la tête de ces animaux, mais encore dans les autres parties qui composent leur corps.

Or ces observations nous font voir combien nos lumières et nos connoissances sont encore bornées sur la nature des organes nécessaires à la vitalité ; car voilà des individus doués du mouvement spontané, et auxquels par conséquent on ne peut disputer l'animalité, qui, bien que coupés et divisés, se meuvent cependant encore, et même se reproduisent et montrent ainsi, comme on s'en est assuré d'ailleurs par le microscope, qu'ils n'ont rien de cet appareil de cœur, de cerveau et d'autres viscères que nous avons toujours regardé comme si nécessaire à l'organisation animale : mais si de ces considérations sur la diversité des moyens que la nature emploie pour former les organes essentiels à l'animalité et à la vie, nous passons à l'examen de ceux dont elle se sert dans la reproduction ou dans la propagation des individus, nous verrons qu'ils ne sont pas moins variés et moins extraordinaires.

On regardoit comme une chose certaine que la génération se faisoit d'une manière uniforme par l'intermédiaire d'une femelle donnant des petits ou des œufs, ce qui se retrouvoit encore dans les animaux hermaphrodites ; mais des observations modernes nous ont fait voir que cette forme unique de reproduction se trouve absolument démentie dans la femelle du puceron, cette femelle pouvant, par un seul accouplement du mâle, produire jusqu'à huit ou neuf individus qui ne sortent pas tous immédiatement de la femelle, mais dont le second sort du premier, et successivement le troisième du second, le quatrième du troisième jusqu'au dernier, etc. Cette femelle donne en outre, tantôt des œufs, tantôt des petits, selon la saison, tandis qu'on regardoit comme une loi de reproduction non moins générale que les femelles donnoient constamment ou des œufs ou des petits. La manière dont les polypes se reproduisent contrarie encore formellement ces lois de la génération qui passoient pour certaines, puisque la forme de leur reproduction se rapproche tant de celle des végétaux, quoiqu'il y ait entr'eux des différences qu'on ne sauroit précisément établir ; comment, en effet, fixer l'intervalle qui sépare l'individu doué de la vitalité et de la locomobilité de la plante qui croît, se développe, mais qui est stationnaire ? Toutes ces observations prouvent qu'on avoit trop étendu les lois établies sur l'organisation essentielle à la vie, et sur les voies de la reproduction dans les êtres animés. On va voir que ce qu'on regardoit de même comme si constant par rapport à la cessation de la vie ou aux causes de la mort est également sujet à de grandes exceptions.

Lorsqu'un individu perdoit son mouvement pendant un certain temps, on croyoit que cette cessation de mouvement suffisoit pour enlever aux organes essentiels à la vitalité toutes leurs fonctions, et en conséquence pour détruire la vie dans cet individu ; mais c'est encore une conclusion trop générale qu'on tiroit de ce qu'on voyoit arriver aux animaux d'une certaine classe ; car le rotifère, le tardigrade, l'anguille des gouttières, celle du blé rachitique, et d'autres animalcules, ayant perdu tout mouvement pendant plusieurs années , paroissant entièrement desséchés , enfin présentant toutes les apparences de la mort , peuvent cependant être rappelés à la vie, et ressusciter au moyen d'une seule goutte d'eau , sans que jusqu'ici on ait pu reconnoître, d'une manière précise , au bout de combien d'années cette faculté extraordinaire cesse d'exister. Roffredi a vérifié qu'après vingt-sept ans de cette mort apparente, des anguilles des gouttières pouvoient encore être rappelées à la vie.

Un autre phénomène bien surprenant dans l'histoire de certains animaux , c'est la faculté qu'ils ont de rester un temps plus ou moins considérable sans manger. La tortue et le crocodile peuvent rester environ deux mois sans prendre de nourriture. Un crapaud a vécu dix-huit mois sans manger et sans respirer, puisqu'il étoit renfermé dans des boîtes scellées avec exactitude (5). Eh! que penser encore de ces autres crapauds qu'on a trouvés , tantôt dans des creux d'arbres , tantôt dans un bloc de pierre , où ils vivoient peut-être depuis un nombre prodigieux d'années sans air ni lumière (6)? Ce dernier fait ne prouve-t-il pas, au moins, que le suc d'un arbre, l'humidité d'une pierre suffisent quelquefois pour la croissance, le développement et la conservation de la vitalité ?

(5) Essais philosoph. sur les crocodiles , par un auteur anonyme , page 31.

(6) Eloge de M. Hérissant , Hist. de l'Acad. des Sciences, 1778.

A cette occasion, je ne puis m'empêcher d'observer que des expériences sur cette étonnante vitalité de certains individus seroient bien dignes par leur importance d'occuper la classe de l'Institut national, qui veut bien m'honorer de son attention; ces expériences sont de la nature de celles qui ne peuvent être faites que par des compagnies savantes, parce que la durée de ces sociétés peut seule en assurer le succès. La vie des particuliers est trop courte, trop traversée par les événemens de toute espèce pour qu'ils puissent toujours obtenir des résultats complets de leurs tentatives dans ce genre.

Il seroit donc bien à souhaiter que l'Institut national, établissement dont tout nous fait présager la plus longue durée, reprît les mêmes vues qu'eut autrefois l'illustre Académie des Sciences sur les expériences qui exigent un long espace de temps.

Je reviens à mon sujet; j'ai montré dans ce mémoire, que nombre d'observations semblent annoncer que le siège du sentiment n'est pas exclusivement dans le cerveau, comme on l'avoit cru jusqu'ici; que les nerfs sont doués de plusieurs facultés ou propriétés qui ne nous sont pas encore bien connues. J'ai fait voir que l'on avoit regardé à tort la structure des organes servant à la vie, ou qui constituent la vitalité dans certains animaux, comme appartenant nécessairement à tous, puisque les polypes et plusieurs insectes ne périssent point par des opérations ou des divisions qui détruisent entièrement la vie des autres animaux; que ces polypes nous présentent des phénomènes d'animalité bien plus extraordinaires encore

encore, puisqu'à près ces divisions leurs parties repa-
roissent, non-seulement très-animées, mais encore
avec celles qui leur manquoient respectivement pour
former un individu complet ; qu'ils tirent ces parties
presque d'eux-mêmes, effet vraiment extraordinaire,
et qu'on n'avoit pas assez remarqué. J'ai fait observer également combien les lois de la génération,
qu'on croyoit si constantes et si générales, sont dé-
menties par l'observation ; cette reproduction ayant
lieu dans les polypes d'une manière toute différente,
et la femelle puceronne contrariant entièrement ce
que l'on avoit cru invariable par rapport à l'intermédiaire d'une femelle pour donner des œufs ou
des petits, puisque la fécondation d'une seule de ces
femelles suffit pour qu'on voie sortir d'elle une suite
de petits non immédiatement, mais médiatement
et successivement les uns des autres. Enfin il suit
encore des observations rapportées ci-dessus que
la cessation de la vie, qu'on avoit regardée comme
suivant toujours la cessation du mouvement de certains organes pendant un temps donné, est une loi
renversée par ces mêmes observations, et que cet
état d'immobilité ou de mort apparente qu'on remarque pendant l'hiver chez plusieurs quadrupèdes
s'observe d'une manière plus merveilleuse dans certains animalcules, ce qui prouve que non-seulement
ils résistent par leur nature à la corruption de leurs
parties qui entraîneroit nécessairement leur désor-
ganisation, mais encore qu'ils renferment en eux un
principe de vie toujours prêt à reparoître et à les

B

ranimer à l'instant où ils sont imprégnés d'un fluide
tel que l'eau.

Il paroît résulter évidemment de tout ce qui vient
d'être exposé, que l'on a tiré des conclusions
beaucoup trop générales des observations relatives
aux points les plus importans de l'animalité, 1º. en
fixant le siége du sentiment exclusivement dans
le cerveau ; 2º. en faisant dépendre la vitalité, dans
tous les animaux, des mêmes organes ; 3º. en
supposant que la génération et la reproduction s'y
opèrent dans tous par des procédés à-peu-près semblables ; 4º. enfin, en regardant la durée de l'identité
animale comme détruite par une longue cessation
de mouvement : mais une vérité très-importante
qui me semble encore sortir de tous les faits que
j'ai rapportés, c'est que le principe d'action qui,
dans tous les êtres animés, préside à la formation
et au développement de toutes leurs parties, et qu'on
pourroit en conséquence appeler le *nisus evolvens*,
réside dans les nerfs, puisque c'est en eux seuls
qu'existe la sensibilité, cause de toutes les actions
physiques des animaux.

On voit encore par ce rapport combien il est
important, pour répandre plus de lumières sur les
différens points de l'animalité dont je viens de parler,
de multiplier les observations et les expériences ;
le seul mode de reproduction du polype nous en
ayant plus appris sur la variété des moyens que la
nature emploie, et sur ses ressources dans l'organisation des êtres, qu'une foule de raisonnemens

isolés et non fondés sur l'observation. J'ai cru, d'après cela, devoir joindre à la théorie quelques observations détachées du grand nombre de celles que j'ai faites ; ces observations formeront la seconde partie de ce mémoire.

Recherches expérimentales faites sur différens animaux, dans les mois de frimaire, nivôse, pluviôse, thermidor, fructidor, messidor de l'an IV, et dans le mois de brumaire an V, pour reconnoître quelle est dans les nerfs et dans les fibres musculaires la durée de la force vitale, soit par des effets spontanés, soit par des excitemens produits par le contact de substances métalliques, par J. J. SUE, Médecin, Professeur d'Anatomie, lues à l'Institut national de France le 16 messidor, an V de la République française.

DANS les procès - verbaux des expériences qui suivent je n'ai fait que décrire ce que j'ai observé ; mais comme dans les matières soumises aux expériences il est difficile d'être sûr de son exactitude, et qu'il est prudent de ne pas s'en rapporter uniquement à soi, j'ai cru devoir m'aider des lumières de savans et d'artistes accoutumés à bien voir ; ils ont observé de leur côté, tandis que j'observois du mien : nous nous sommes ensuite communiqué nos obser-

vations, afin de voir et reconnoître si elles s'accor-
doient : en voici les résultats.

I.re EXPÉRIENCE.

Décolation d'un coq à midi dix minutes.

Cette section a duré une seconde ; on s'est servi
d'un couperet. La tête a conservé ses mouvemens
une minute, et le corps trois ; la mort s'est manifestée par tous les caractères qui l'accompagnent
au commencement de la quatrième minute ; le cœur
a battu quatre minutes.

II.me EXPÉRIENCE.

Décolation d'un dindon en présence d'un des
chirurgiens en chef du Val-de-Grace, de
plusieurs élèves, d'un médecin et d'autres
personnes.

La section a été faite comme la première, et n'a
pas duré plus de temps.

La tête a conservé ses mouvemens une minute et
demie ; les mandibules, ainsi que la pupille, ont
remué avec force ; les paupières ont clignoté ; le
corps, après la décolation, est resté sans aucun mouvement une minute ; puis, ce qui est très-remarquable, il s'est relevé et a repris l'attitude qu'il avoit
avant l'opération ; il s'est tenu sur ses pattes pendant une minute et demie, a marché et a agité
plusieurs fois ses ailes ; il a rapproché sa patte de
son cou comme pour se gratter, et ensuite il a eu
des convulsions.

Tous ces mouvemens ont duré près de six minutes.

La mort enfin s'est manifestée par tous ses caractères ordinaires, c'est-à-dire, l'affaissement des plumes, la cessation de contraction et de respiration, l'état complet d'immobilité dans les muscles, les membres et le corps ; cependant, malgré ces apparences extérieures, le cœur battoit encore, ce qui doit faire croire que la vie de l'animal n'étoit pas éteinte.

III.me EXPÉRIENCE.

Décolation d'un autre dindon à une heure vingt minutes.

Les mouvemens de la tête ont duré une demi-minute, ceux du corps quatre ; on a observé les mêmes phénomènes de vitalité, et ensuite les mêmes caractères de mort que dans le précédent.

IV.me EXPÉRIENCE.

Décolation d'une poule.

La tête a conservé ses mouvemens deux secondes, les mandibules se sont ouvertes, les paupières ont clignoté, la langue s'est alongée et est rentrée dans le bec ; le corps a conservé ses mouvemens une minute et demie, le cœur a battu trois minutes et demie ; l'animal n'a pas marché ; mais les cuisses et les jambes se sont agitées, et la respiration a eu lieu.

Vme EXPÉRIENCE.

Décolation d'un lapin.

La tête n'a conservé ses mouvemens qu'une seconde et demie ; il y en a eu dans les paupières, dans la pupille, dans les muscles de la face et dans les lèvres ; quant au corps, les extrémités se sont agitées, elles ont conservé leurs mouvemens une minute et demie ; on a observé cependant que le cœur a continué de battre pendant quatre minutes, puis tous les signes de la mort ont eu lieu.

VIme EXPÉRIENCE.

Sur un second lapin.

Même expérience, même résultat.

VIIme EXPÉRIENCE.

Sur un troisième lapin.

La tête n'a donné aucun signe de vie ; le corps en a présenté de très-remarquables ; le cœur a continué de battre pendant quatre minutes.

VIIIme EXPÉRIENCE.

Décolation d'un vieux coq.

La tête a conservé ses mouvemens une minute et demie ; les mandibules se sont ouvertes et refermées deux fois ; les paupières et la pupille se sont contractées et relâchées plusieurs fois; la crête a conservé son attitude érective ; le corps a permis de suivre pendant deux secondes le mouvement de la respiration. La poitrine, le ventre ont exercé des mouvemens ; les extrémités ont remué, les ailes se sont agitées; tous ces mouvemens avoient le cachet d'une douleur très-prononcée dans les diverses parties de son corps : cette faculté vitale a duré trois minutes et demie; le cœur a battu quatre minutes.

IX.me EXPÉRIENCE.

Décolation d'un dindon en présence des citoyens la Chaume, Foissi, Borelli, et de plusieurs autres personnes. Le citoyen Leroy, membre de l'Institut, est venu comme l'expérience finissoit.

La tête a conservé ses mouvemens une minute trois quarts ; elle a présenté les caractères les plus prononcés de sensations; on l'a vue, à trois reprises différentes, ouvrir ses mandibules, alonger et retirer sa langue ; les yeux ont exercé les mouvemens les plus violens; les paupières, les pupilles ont agi tant que la vie a duré ; les mouvemens du corps ont duré quatre minutes ; l'animal s'est relevé ; et s'est tenu deux secondes sur ses pattes; il a agité ses ailes, et a remué plusieurs fois le cou.

J'ai irrité avec des aiguilles et la pointe d'un couteau les muscles du cou, les ailes et les extrémités; et au moment de l'excitement, les mouvemens con-

tractiles et convulsifs de ces parties ont redoublé ;
enfin les signes évidens de la mort se sont manifestés.

X.me Expérience.

Bœuf assommé à trois heures vingt - cinq mi-
nutes , chez le citoyen Vincent *, boucher,*
rue de la Madeleine.

La tête a reçu six coups de massue ; elle n'y a
pas survécu ; elle étoit morte au cinquième ; sa vie
paroissoit diminuer à mesure qu'on la massoloit.
Le corps a conservé ses mouvemens cinq minutes,
et pendant tout ce temps il en a eu de très-prononcés ; les muscles ont continué de palpiter et d'être
irritables encore long-temps après la mort apparente
du corps.

XI.me Expérience.

Décolation d'un veau à trois heures six minu-
tes , chez le même citoyen Vincent *, en pré-*
sence des citoyens Leroy *, de l'Institut,* Le-
comte *, professeur de l'école nationale de*
dessin , et Martin *, observateur très-instruit,*
et ami du célèbre Fontana.

La section a été faite avec un couperet ; elle a
duré une seconde et demie.

Le citoyen Leroy s'est chargé avec moi de l'examen de tous les mouvemens de la tête, en observant leur durée avec une montre à secondes. Pendant six minutes, la tête a fait des mouvemens très-

prononcés, soit des paupières et de la pupille, soit
des oreilles, des narines, des muscles de la face
et des lèvres. La langue s'est alongée et s'est retirée
trois fois presque dans sa cavité; les mâchoires se
sont ouvertes et fermées comme pour grincer des
dents. Tous ces mouvemens augmentoient en irri-
tant la moelle alongée, et en passant la main promptement devant l'œil; le larynx, la trachée-artère,
et les muscles qui avoisinent ces parties ont eu des
mouvemens d'alongement et de raccourcissement qui
ont duré très-long-temps; malgré la sortie et l'a-
longement de la langue, le corps a continué à se
mouvoir pendant sept minutes. Le citoyen Martin,
qui s'étoit chargé de suivre ces mouvemens avec
une montre à secondes, en a observé six très-prononcés dans les extrémités antérieures, quoique le
corps fût suspendu et attaché par les extrémités postérieures; l'expression de douleur que présentoient
les différentes parties de la tête a été si marquée,
que quelqu'un qui n'auroit pas été prévenu, le corps
étant supposé caché, n'auroit pas hésité à croire que
l'animal éprouvoit de grandes souffrances, en suivant la violence et l'ensemble de tous les mouvemens qu'on voyoit dans les différentes parties de
cette tête.

XII.me EXPÉRIENCE.

Le même jour, à trois heures treize minutes,
décolation d'un autre veau de trois mois.

Le citoyen Leroy s'est encore chargé, conjointe-

ment avec moi, d'observer avec une montre à secondes, comme dans l'expérience précédente, le
temps que la tête survivroit, et de suivre les
nuances et la durée de ses mouvemens ; ils ont
été bien marqués pendant cinq minutes et demie, et
ils ont présenté une expression de douleur encore
plus forte que la précédente. Celle-ci avoit le même
jeu dans tous les muscles, ouvrant de temps à
autre les mâchoires ; et comme elle étoit placée à
côté de l'autre qui venoit de mourir, les assistans
pouvoient aisément observer les différences sensibles
qui se trouvoient entre une tête encore vivante et
une tête morte. Le corps a conservé ses mouvemens
sept minutes ½ ; le citoyen Leroy, qui les a observés,
en a remarqué cinquante-neuf dans les extrémités
antérieures, car les postérieures étoient liées pour
suspendre l'animal ; il en a vu ensuite de partiels
dans le reste de l'habitude du corps.

Il est à observer que la portion de la trachée-artère qui restoit à la partie antérieure et moyenne du
cou, ainsi que les portions d'artères carotides,
avoient des mouvemens de contraction très-distincts.
Le boucher a ensuite ouvert longitudinalement le
ventre et la poitrine, et l'on a vu au même instant des molécules humides et chaudes s'élever
comme un léger brouillard de ces deux capacités ;
ces molécules ressembloient beaucoup à celles de
l'haleine ou de la transpiration pulmonaire ; elles
sortent en abondance des grandes comme des petites capacités des animaux, tant qu'il leur reste
encore quelque vie. Quand la vie est entièrement

éteinte, ces molécules devenant froides, ne se présentent plus sous la forme de vapeurs, mais se
condensent, et paroissent s'attacher aux parties elles-
mêmes. Plusieurs muscles du cou, de la poitrine,
du bas-ventre et des extrémités étant à nu, nous
nous sommes tous réunis pour observer encore la
fibre musculaire ; voici ce qu'elle nous a offert.

Dans les grands muscles, tous les faisceaux char-
nus avoient des mouvemens si extraordinaires et d'un
genre si particulier, qu'on ne peut pas les appeler
mouvemens de contraction, de palpitation ou de
spasme ; ils paroissoient semblables à ceux de l'eau
agitée par l'orage, ce qui fait qu'on pourroit les appeler
mouvemens ondulatoires ; car il semble qu'alors il
y a un flux et reflux dans les différens points du
système, et que la vie fasse comme des efforts pour
résister davantage à sa destruction ; aussi cet effet
est-il bien plus apparent dans les fibres musculaires
que dans toutes les autres. On voit, s'il est permis
de le dire, que le courant vital moteur agite chacune
de ces fibres jusqu'à ce qu'il soit entièrement détruit.
La fibre musculaire ou mouvante présente en conséquence dans son état d'action, des caractères si
marqués, qu'on observe une opposition sensible entre
cette fibre et celle qui ne contient plus de courant
moteur ; cette dernière est comme flétrie et dans
l'état d'affaissement le plus complet, tandis que la
première, par un mouvement d'ondulation, se renfle
et se relâche continuellement. Ce changement se
fait parfois avec une si grande rapidité, que le
temps en est presque incommensurable ; nous avons

irrité les grands muscles de ces animaux en essayant
d'étendre les membres, en les touchant comme pour
les agacer, alors ces fibres éprouvoient une telle tourmente, que leurs mouvemens augmentoient considérablement de force ; il sembloit que cet effet étoit
dû à la contrariété que nous venions de leur faire
éprouver. Nous avons encore observé qu'à mesure
que l'air froid agissoit à nu sur ces muscles nouvel-
lement coupés, la tourmente des fibres augmentoit,
et les mouvemens extraordinaires dont nous venons
de parler se montroient dans toute leur force : tous
les effets qui viennent d'être décrits ont duré vingt-une
minutes après la séparation de la tête d'avec le
corps ; mais à la vérité le boucher avoit blessé l'animal au ventricule droit avec son couteau en ouvrant
la poitrine.

XIII.me EXPÉRIENCE.

Séparation de la tête d'un papillon.

La tête a conservé ses mouvemens près de quatre
minutes ; le corps a continué de voler plus de vingt
minutes en suivant ses directions ordinaires sur les
fleurs où il avoit coutume de butiner ; il a encore
fait après cela des mouvemens qui ont paru volon-
taires pendant plus de quinze minutes.

XIV.me EXPÉRIENCE.

*Même expérience sur plusieurs mouches de
diverses espèces et grosseurs,* mêmes résultats.

XV.me EXPÉRIENCE.

Petite grenouille mise dans le gaz muriatique oxigéné.

Apparence de mort au bout d'une seconde ; mouvement de la grenouille dans l'eau à sa sortie du gaz, ce qui démontre l'influence que l'acide muriatique avoit eue sur la respiration de l'animal. La même grenouille sans mouvement ayant été placée dans le gaz oxigène et laissée deux minutes dans ce gaz, il n'y a eu aucune apparence de mouvement. Ayant produit un excitement sur le nerf crural de l'extrémité droite inférieure de cette grenouille avec un fil d'argent passé sous ce nerf mis en contact avec le zinc, un mouvement gradué s'est communiqué d'abord le long de cette extrémité et ensuite dans toutes les parties de la grenouille du même côté ; ce mouvement a été augmenté, toujours du même côté, dans les extrémités supérieures de cette grenouille, en changeant le point d'armature et le plaçant vers la région moyenne et antérieure de la moelle épinière.

L'armature ayant été placée sur la région moyenne et postérieure du nerf saphene, elle a produit un mouvement prononcé dans tout le corps de l'animal ; l'ayant avancée jusqu'à l'extrémité inférieure du nerf saphene, le mouvement s'est encore prononcé davantage.

Quand le point d'armature est placé à la partie postérieure et inférieure du nerf médian, le mouvement est plus prononcé que lorsque le point d'ar-

mature est placé sous la région moyenne de ce nerf.
Cette expérience ayant été répétée sur plusieurs
animaux, tantôt vers la région moyenne des nerfs,
d'autres fois vers leurs extrémités, les mouvemens
de l'animal ont toujours été plus violens quand les
points d'armatures étoient situés aux extrémités des
nerfs. Ces expériences militent en faveur du sentiment de Valli, qui présume que la sensibilité augmente à mesure que les excitemens s'avancent vers
les extrémités des nerfs, et qu'elle diminue quand
on l'excite en sens contraire.

X V I.me Expérience.

Proposée par M. Marc, médecin allemand.

Nerf crural d'une grenouille lié à son origine et à
son extrémité avec un fil très-fin et ciré ; excitement
établi entre les deux ligatures avec le zinc et l'argent.
Si le fluide de l'électricité animale est aussi subtil
que celui de l'électricité commune, les ligatures ne
doivent pas empêcher l'action du courant métallique ;
en effet, il y a eu un mouvement très-prononcé dans
toutes les parties de l'extrémité inférieure. Cette
expérience demande à être encore répétée.

X V I I.me Expérience.

*Décolation d'un mouton, à Surène, chez le
citoyen Siclair, boucher, en présence du docteur
Ebel, des citoyens la Chaume, Barbier et autres,
à 10 heures 12 minutes du matin.*

On a séparé la tête à la manière ordinaire ; cette
décolation a duré deux secondes.

La tête a conservé ses mouvemens deux minutes sans excitemens ; après seize minutes, l'excitement avoit encore un effet très-marqué dans le centre profond de la mâchoire inférieure et supérieure. La tête renversée, le mouvement étoit encore sensible dans tous les muscles qui avoisinent ces parties ; après dix-neuf minutes et demie, la tête fendue verticalement, l'excitement n'a rien produit. Le corps, avant d'être dépouillé, a conservé pendant douze minutes ses mouvemens, qui étoient si violens, qu'il falloit trois hommes pour le tenir; il a eu des contractions sensibles pendant le dépouillement, et encore quarante minutes après.

XVIII.me Expérience.

Même jour, même endroit, à dix heures cinquante minutes, sur une brebis pleine.

La tête a conservé ses mouvemens deux minutes et demie naturellement ; pendant treize minutes on en a obtenu, par les courans métalliques, de très-prononcés à la langue et aux muscles de la face. A seize minutes on a cessé d'en apercevoir extérieurement ; mais ils étoient sensibles sur les muscles tranchés, et on en a obtenu jusqu'à vingt-trois minutes. Le corps exigeoit la force de l'homme pour le contenir. A vingt-six minutes on a retiré le fœtus ; on l'a ouvert, et on y a observé le mouvement du cœur d'une manière très-sensible et sans aucun excitement. La tête en ayant été coupée, l'excitement n'y a rien produit, non plus que dans le tronc ; mais le cœur simplement comprimé donnoit encore des signes de mouvement par excitement , quoique détaché et isolé ; ces mouvemens durèrent trente minutes.

XIX.me EXPÉRIENCE.

Même jour, même lieu, à midi trente-deux minutes, décolation d'un porc (7).

Il n'y a presque pas eu de mouvement naturel dans la tête ; mais par l'excitement des métaux en contact , la langue a fait des dardemens sensibles à quarante-trois minutes ; le corps a eu , par les mêmes procédés , beaucoup de mouvemens réitérés très-convulsifs, et qui ont fait mouvoir les quatre pieds et froncer la peau. On a fixé le conducteur de zinc sur la moelle épinière , et celui d'argent entre la peau du visage et le plexus facial. Chaque fois que l'on mettoit les métaux en contact par leurs extrémités supérieures , les mouvemens convulsifs de tous les muscles du visage devenoient si forts , qu'ils se propageoient jusqu'aux oreilles et au nez, et que ces parties étoient dans une action continuelle.

Il est digne de remarque que tout mouvement cessoit à l'instant de l'éloignement du contact des métaux.

A une heure dix-sept, dix-neuf, vingt et vingt-une minutes , en appuyant en opposition deux fils

(7) Le boucher l'a couché par terre, lui a mis une grosse corde entre es mâchoires , et l'a décolé avec un couteau qu'il appelle *feuille*.

de

de métal, l'un d'argent et l'autre de fer sur le plexus facial, les convulsions ont été très-vives.

Les métaux ont opéré jusqu'à vingt-huit minutes; il y a eu un repos, et à trente-six minutes retour de mouvement. Tout excitement est ensuite devenu inutile; ainsi il y a eu mouvement et apparence de vitalité pendant une heure et quatre minutes après la décolation.

XX.ᵐᵉ EXPÉRIENCE, chez moi.

Section verticale d'une grenouille, le cœur laissé du côté gauche absolument intact.

Un excitement a été produit par le contact du zinc et du fer sur la portion gauche à l'instant de sa séparation de la droite. Le zinc ayant été appliqué sur la portion cérébelleuse, et le fer sur les parties nerveuses et musculaires qui sont en rapport avec les gros vaisseaux du cœur, il en est résulté un mouvement très-violent de toute cette portion quand ces deux vaisseaux étoient en contact, mais aucun mouvement lorsqu'ils n'y étoient pas. Si l'argent ou l'or sont en contact avec le fer ou le zinc, le mouvement s'accroît de beaucoup.

La même expérience répétée avec les mêmes métaux sur la moelle épinière, en dirigeant un des métaux sur la portion cervicale de la moelle, et l'autre sur la région lombaire, toujours de la même portion gauche, il en est résulté un mouvement de

C

contraction et de frémissement général au moment du contact des métaux par leurs extrémités.

. Les mêmes excitemens ont été répétés sur le cœur existant dans cette portion verticale gauche. Le cœur est mort après trois quarts-d'heure de mouvement.

Reprise de la portion verticale droite de la même grenouille, quoique déjà morte en apparence une demi-heure après sa séparation. Même expérience répétée de la même manière avec les mêmes métaux : mêmes résultats.

Il faut observer que le mouvement étoit encore plus violent que sur la portion gauche à laquelle le cœur tenoit : cette portion a conservé ses mouvemens par excitement une demi-heure plus long-temps que l'autre.

XXI.me Expérience.

Grenouille coupée transversalement entre la partie inférieure de la région lombaire, et la partie supérieure de la région sacrée.

Armature de zinc placée sur les extrémités des nerfs lombaires, armature de fer placée sur la région interne vertébrale, dorsale ; mouvement très-prononcé dans tout le système du tronc.

A une heure cette portion vivoit encore.

Armature de plomb laminé, couvrant le nerf crural de l'extrémité inférieure droite ; contact de ce nerf avec l'argent ; contact de l'argent avec l'armature : à l'instant mouvement très-prononcé de cette extrémité, aucune apparence de mouvement dans l'extrémité gauche.

Même expérience d'excitement sur le nerf crural et celui de l'extrémité inférieure gauche. Contact de ce nerf avec les métaux, et mêmes résultats que sur la droite; même apathie dans cette extrémité que dans l'extrémité gauche dont il a été parlé ci-dessus.

XXII.me EXPÉRIENCE.

Grenouille divisée transversalement en trois parties.

La première, entre la partie inférieure de la poitrine et la partie supérieure du ventre.

La deuxième, entre la partie inférieure du ventre et la supérieure des extrémités inférieures.

La troisième, qui donne la séparation des extrémités inférieures, et le résultat de la deuxième division; les mêmes armatures ont été placées sur les extrémités des nerfs de ces portions.

Dès l'instant qu'il y a eu contact de l'armature, les portions de chaque tout divisées ont exercé de très-grands mouvemens.

La première division tenant à la tête a conservé ses mouvemens une heure après avoir éprouvé l'excitement des courans métalliques.

La deuxième division, formant le ventre, a conservé ses mouvemens un quart-d'heure, et je n'ai produit qu'un excitement par courant métallique.

La troisième division, formant les extrémités inférieures réunies au bassin, a été excitée par le moyen
des nerfs sacrés en contact avec les mêmes métaux ;
elle a conservé ses mouvemens deux heures.

XXIII.me EXPÉRIENCE.

Grenouille divisée en quatre portions égales.

La tête a conservé ses mouvemens une demi-heure,
la poitrine dix minutes, le ventre à-peu-près le même
temps, les extrémités inférieures une heure ; mêmes
excitemens que dans la troisième expérience, mêmes
résultats.

XXIV.me EXPÉRIENCE.

Grenouille dépouillée, divisée en huit portions.

Même vitalité par approximation, mêmes excitemens, mêmes résultats.

XXV.me EXPÉRIENCE.

*Grenouille dépouillée, muscles entiers séparés
sur-le-champ du ventre, du dos et des extrémités, tels que les muscles droits, les muscles longs dorsaux, les muscles biceps et
les muscles jumeaux, placés chacun sur
une pièce de vingt-quatre sous, et excités
alternativement par le contact du zinc, de
l'étain, du platine, du bismuth et de l'or.*

Mouvemens de contraction très-sensibles pendant

l'effet des courans métalliques, et ne s'observant
que pendant leur contact; car lorsqu'il cesse, ces
muscles reviennent à leur premier état.

Le contact de l'or avec l'argent a semblé produire
des effets encore plus considérables; la durée du
mouvement des muscles a varié selon leur épaisseur.
Les muscles jumeaux ont conservé leurs mouvemens
huit minutes, les muscles biceps huit minutes, les
muscles longs dorsaux et droits du ventre deux
minutes.

Il est à remarquer que cette durée de vie varie
suivant l'âge, la force, le degré de température, l'espèce d'animal, la justesse et la prestesse avec lesquelles
le muscle est enlevé dans son entier. Les véritables
degrés de la vie du muscle sont annoncés par les résultats que donnent les excitemens, c'est-à-dire, par le
renforcement de ce qu'on pourroit appeler les courans vitaux; car alors les mouvemens sont pour
ainsi dire tumultueux. Lorsque par les excitemens
on ne peut produire ni mouvement, ni frémissement
dans les plus petites fibres musculaires, c'est la preuve
la plus absolue de la mort de la partie.

J'ai tâché de pousser l'observation plus loin; j'ai
séparé et enlevé des muscles d'insectes, de poissons,
d'amphibies, d'oiseaux et de quadrupèdes; je les ai
divisés par portions d'une petitesse extrême; j'ai vu
d'abord palpitation, contraction, puis frémissement
dans la plus petite portion, cette durée de mouvement variant suivant le volume de la portion déter-

minée par la section. Quand l'excitement ne peut
plus produire ni contraction, ni frémissement, la
vie paroît entièrement détruite ; car pendant l'excitement, les parties vivantes qui ne peuvent plus
être vues par l'œil, le sont encore par le microscope tant que le courant métallique agit ; mais quand
ces particules refusent l'influence métallique, on a
beau les exciter par tous les moyens mécaniques
connus, elles restent dans l'immobilité la plus absolue
et même dans l'affaissement le plus complet ; la
couleur livide se manifeste promptement, alors com-
mence la décomposition.

X X V I.^{me} E x p é r i e n c e.

En présence de beaucoup de gens de l'art et de
plusieurs amateurs des sciences.

Division verticale d'une carpe et d'une anguille.

Chaque division ayant été excitée par les mêmes
armatures dont je me suis servi pour la section verticale de la grenouille, les mouvemens ont duré
long-temps ; ils ont été très-violens.

Après une section transversale, 1°. en deux portions, 2°. en trois, d'une carpe et d'une anguille,
le tronçon de la tête de carpe a conservé ses mouvemens une heure et demie sans excitemens, celle
de l'anguille trois quarts-d'heure. Le tronçon du tronc
de chaque individu a fait des mouvemens pendant
vingt minutes, et le tronçon de la queue de l'une
et de l'autre plus d'une demi-heure ; tous ces tron-

cons ont été excités à différentes reprises, et la vie a toujours repris ses forces par ces procédés. Trois heures après l'excitement, son effet avoit encore lieu, et quatre heures après il a cessé.

On lit dans le Journal de physique, année 1793, page 461, que M. Larey ayant eu l'occasion de faire l'amputation de la cuisse d'un homme dont la jambe avoit été écrasée par une roue de voiture, a voulu répéter sur l'homme les expériences de Galvani et de Valli ; en conséquence, il a disséqué le nerf po- plité, dont il a isolé le tronc jusques aux plus petites branches ; enveloppant ensuite le tronc de ce nerf avec une lame de plomb, après avoir mis le corps de muscles gastroénémiens à découvert, il a pris une pièce d'argent dans chacune de ses mains, et lorsque touchant avec l'une l'armure de plomb, il a mis l'autre pièce en contact avec des muscles, il leur a fait éprouver des mouvemens convulsifs très-forts qui agissoient sur la jambe et même sur le pied. Le docteur Storck a répété avec succès la même expé- rience ; les savans ont observé que des morceaux de fer et d'acier ne produisoient pas des phénomènes aussi marqués. Les effets ont augmenté considéra- blement lorsqu'ils se sont servis d'un stilet d'argent pour conducteur, quoique le membre fût alors de- venu froid.

J'ai fait la même expérience à l'hôpital militaire de Courbevoie sur la jambe d'un soldat âgé de 26 ans, à qui je venois de faire cette amputation ;

j'ai disséqué le nerf poplité; j'ai enveloppé le tronc de ce nerf avec une lame de plomb; je l'ai touché avec l'excitateur, ainsi que les muscles gastroénémiens, et j'ai obtenu des mouvemens très-prononcés dans tous les muscles de cette extrémité.

M: Alexandre Von Humboldt m'a communiqué l'extrait d'une lettre contenant quelques expériences sur le galvanisme, à lui écrite de Dresde, au mois de Septembre 1796, par M. Grepengiesser, médecin à Berlin. Je crois devoir l'insérer ici.

« Entre plusieurs autres curiosités médicales, j'ai trouvé, dit-il, à l'hôpital militaire de Dresde un malade qui mérite une attention particulière. Vous serez étonné quand je vous dirai que cet homme portoit depuis sept ans une grande partie de ses intestins hors du ventre : cet infortuné avoit depuis long-temps une grande hernie scrotale; il y survint par accident un étranglement; on le traitoit par des cataplasmes chauds; on différa l'opération trop long-temps, et l'on fit naître, par une suppuration gangreneuse, au sac herniaire et aux intestins une ouverture considérable, ou *anus contre nature* ; la grandeur de cette ouverture fit sortir les intestins, qui entraînant une partie du mésentère, avoient acquis successivement du volume, et formoient alors une tumeur d'une figure très-irrégulière, qui descendoit jusques aux genoux; toute sa surface étoit rouge et ridée comme la membrane interne des intestins. On remarqua à la partie supérieure un anneau un peu saillant, et serrant beaucoup l'intestin à la manière d'un

sphincter. En soulevant les plis externes, on décou-
vrit en bas, de chaque côté, des ouvertures cachées,
dont les bords étoient renversés et redoublés sur eux-
mêmes, et dont l'une faisoit sortir des matières fécales
ou les alimens à demi-digérés, l'autre, un peu de
mucosité blanchâtre ou le lavement quand le malade
en avoit pris. Il ne rendoit rien par l'anus depuis
l'origine de son mal. Sans dessin il est difficile de
se faire une idée claire de ce tableau merveilleux.
De temps en temps on remarqua encore quelques
restes de mouvemens peristaltiques, sur-tout quand
un courant d'air touchoit les intestins ; mais les ondu-
lations étoient très-lentes et rares. Il résulta d'un
examen plus exact que pendant l'inflammation les
intestins s'étoient collés et agglutinés à la paroi du
sac herniaire, près de la circonférence de l'ouverture, et que par conséquent ils ne pouvoient sortir
qu'en se renversant sur eux-mêmes, et présentant
seulement à l'extérieur la face interne. Les intestins
pendans au-dehors étoient probablement la fin du
canal des intestins grêles, et le commencement du
canal des gros intestins ; car l'anneau mentionné,
saillant, rouge, et serrant comme un sphincter l'intestin, avoit une partie de sa circonférence plus
mince, une autre plus grosse, et ne pouvoit être rien
autre chose que la valvule de l'embouchure de
l'iléon qui, par le mouvement de tous les boyaux,
avoit perdu sa forme originaire.

» Je me proposai tout de suite d'essayer sur ces
parties les effets du galvanisme ; le malade ne s'y

refusa pas, et les expériences que tu as faites si souvent sur toi - même ne me faisoient craindre aucun danger (8).

» En me souvenant de tes derniers essais concernant les effets des alkalis sur les nerfs, je mouillai la surface de l'intestin avec une solution de potasse, et je vis avec étonnement le mouvement peristaltique acquérir une force six fois plus grande ; l'ardeur même fut sentie par le malade en raison de cet accroissement de force, phénomène qu'on ne peut attribuer qu'à l'irritabilité exaltée ; car la sensation que produisoit la solution alkaline seule et sans l'irritation métallique, étoit très-foible et passagère.

» Comme tu attribues en grande partie l'inactivité et la relaxation de l'estomac à l'influence déprimante de l'acide sur les nerfs, j'aurois fait volontiers d'autres expériences avec des acides et autres substances analogues, mais j'ai craint d'abuser de la patience de ce pauvre vieillard.

» Ces expériences renversent l'opinion des physiciens de la Lombardie, qui prétendent qu'il n'y a que les muscles soumis à la volonté qui puissent fournir des phénomènes du galvanisme, et elles prouvent incontestablement que le mouvement peristaltique dépend de l'action des nerfs, quoique l'illustre Haller appuie

(8) M. Humboldt se faisoit plusieurs fois découvrir les nerfs par le moyen de deux vésicatoires sur les épaules, pour essayer le galvanisme sur son propre corps, et pour y faire des expériences qui le conduisirent à des découvertes très-curieuses.

Modèles de quelques Excitateurs, imaginés par le C. Sue pour les expériences du Galvanisme.

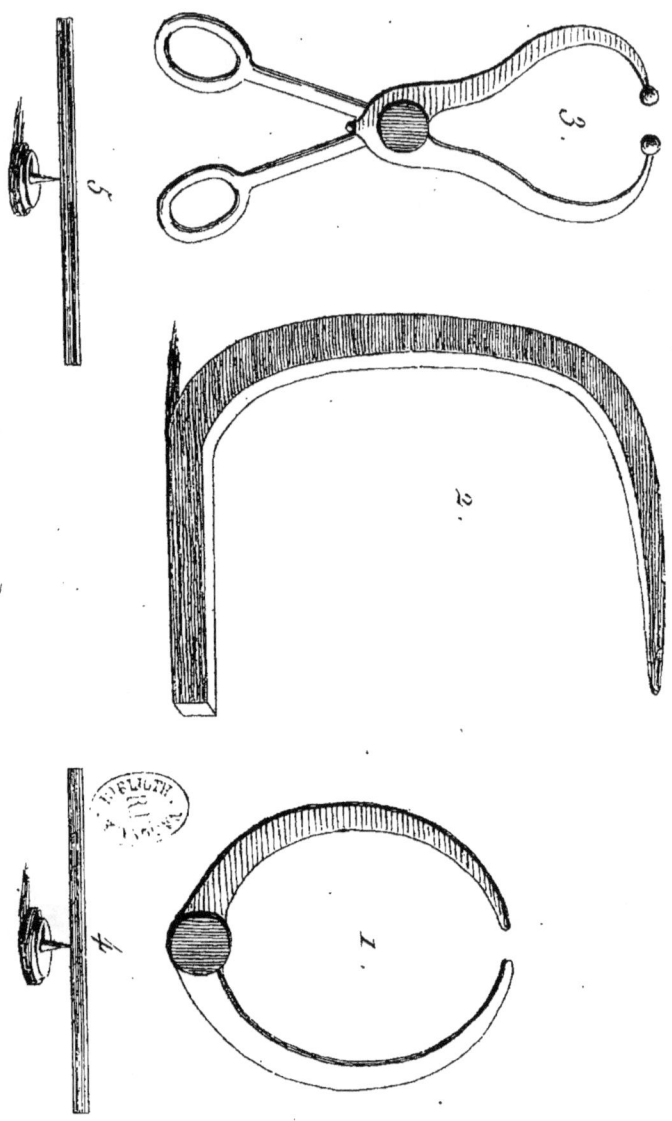

Pl. 4.

principalement sur le mouvement peristaltique sa
doctrine de l'irritabilité de la fibre musculaire, qu'il
regarde comme propre et indépendante des nerfs. ».

Une expérience que je propose, et que je n'ai pas
eu le temps de faire, c'est d'établir une batterie de
nerfs d'animaux vivans, de la même espèce, à peu-
près de la même grosseur, et dont les nerfs aient,
s'il est possible, le même volume ; sous ces nerfs,
on placeroit une armature de plomb ou d'étain que
l'on mettroit en contact avec le zinc pour savoir si
cette armature ainsi communiquée et les nerfs acco-
lés renforceroient les effets produits par le courant
galvanique.

On pourroit chercher à faire la même expérience
avec des nerfs d'animaux vivans de différentes
espèces, et même de différens genres.

Dans toutes mes expériences, j'ai beaucoup varié les intermèdes métalliques ; car je me suis servi
du fer, du plomb, de l'arsenic, de la plombagine,
de l'antimoine, du platine, de l'étain, du zinc et
de l'or (9).

(9) Je fais actuellement construire des excitateurs de formes
différentes, et de toute espèce de substance. La planche,
jointe à ce Mémoire, en renferme plusieurs modèles.

Le nº. 1 représente un excitateur en forme de compas,
dont une lame est d'argent, et l'autre de zinc ;

-Le nº. 2, un grand excitateur de zinc pour les gros
animaux ;

Le nº. 3, un excitateur en forme de pince, ayant un
côté d'argent et un de zinc ;

Le nº. 4, une barre d'argent sur son pivot ;

Le nº. 5, une barre de zinc également sur son pivot.

J'ai observé des différences remarquables suivant le contact des métaux ; mais ces expériences demandent à être suivies avec tant de précision pour en bien constater les résultats , qu'il m'est impossible dans ce moment de les donner. Il y auroit un très-beau travail à faire sur les effets du contact de tous les métaux connus, et même de plusieurs autres corps qu'on pourroit y employer ; mais ce champ est si vaste qu'il est nécessaire que quelques savans s'occupent de le défricher.

Je vais joindre à ces expériences des observations sur la vitalité de quelques insectes , qui m'ont été communiquées par le citoyen Desmortier , membre de plusieurs sociétés savantes.

Placez un cerf-volant sur le dos, et maintenez-le dans cette situation, sans gêner la liberté de ses mouvemens , vous verrez l'animal se mouvoir avec vivacité, et faire effort pour reprendre sa position naturelle. Il y parviendra dès que vous cesserez de le contrarier.

Coupez la tête du cerf-volant, et placez le corps sur le dos, vous verrez la section de l'animal s'agiter comme l'animal entier, exécuter les mêmes mouvemens, combattre les obstacles que vous lui opposerez, et se remettre enfin sur ses pattes lorsque vous l'abandonnerez à ses propres efforts.

Si le corps du cerf-volant porte sur un plan inégal ou raboteux, il tirera merveilleusement parti de ces avantages pour se retourner, et il y parviendra facilement ; mais si le plan est très-uni, tel qu'un carreau de verre, l'animal éprouvera de

grandes difficultés ; les extrémités crochues de ses
pattes ne pouvant saisir la surface polie du verre,
il se tourmentera en vain. Alors touchez légèrement
ses extrémités avec un morceau de papier roulé
que vous retirerez ensuite, et poserez à une ligne de
distance ; aussitôt les pattes redoubleront d'efforts ;
elles se porteront dans la direction d'où leur est venu
le contact, afin d'en saisir l'objet ; elles s'y accroche-
ront, et se replaceront bientôt naturellement.

La tête du cerf-volant, après 48 heures de séparation, étoit immobile ; exposée au soleil, elle s'est
ranimée en quelques secondes, et au bout d'une
minute, le citoyen Desmortier lui a présenté un
morceau de fer ; avertie par la présence d'un corps
étranger, elle l'a saisi d'abord avidement avec ses
cornes, mais elle l'a bientôt abandonné. Le citoyen
Desmortier ayant substitué le bout de son petit
doigt au morceau de fer, un pincement très-vif lui
a fait sentir son imprudence, et il lui a fallu employer l'autre main pour retirer les cornes, qui étoient
entrées d'une demi-ligne dans la chair.

Les mêmes observations répétées sur des hanne-
tons lui ont donné quelques différences. La tête du
cerf-volant vit plus long-temps que le corps ; celle
du hanneton ne vit plus dès qu'elle en est séparée,
du moins il n'y a observé aucun mouvement, même
à la loupe. La section du cerf-volant ne laisse cou-
ler aucune humeur, celle du hanneton fournit une
humeur glaireuse, quelquefois assez abondante ; cette
perte, qui doit affoiblir beaucoup l'animal, ne l'em-

pêche cependant pas de vivre vingt-quatre heures,
et dans la durée de sa cruelle existence, tant que
ses forces le lui permettent, il présente les mêmes
phénomènes que le cerf-volant pour se remettre sur
ses pattes; à peine y est-il replacé qu'il marche,
et même fort loin , ce que le cerf-volant ne fait pas.

Aussitôt après la décolation , le hanneton marche; mais comme il n'a plus d'yeux matériels , il se
conduit avec ceux de l'instinct, et sa marche est
tout-à-la-fois une suite de mouvemens, de sensations et de réflexions. C'est un voyageur au milieu
de la nuit la plus noire qui tâte le terrein, et qui,
plus heureux que l'homme , que ses précautions ne
garantissent pas toujours du danger, s'arrête au bord
du précipice et n'y tombe jamais. Quand le hanneton décapité veut marcher , il avance doucement
une patte pour reconnoître le terrein ; s'il le trouve
solide , il y pose cette patte, puis il avance celle du
côté opposé qui répond à la première ; il la pose
avec la même précaution, puis une troisième, et
ainsi de suite jusqu'à la dernière; alors l'animal a
parcouru un espace égal à la longueur de son corps ;
enhardi par ce coup d'essai, il marche avec plus
d'assurance et plus vîte ; si le plan qu'il parcourt
est élevé, tel qu'une table, lorsqu'il parvient à l'une
de ses extrémités, il reconnoît parfaitement qu'un
précipice est là , et qu'il y a du danger à vouloir
passer outre ; en conséquence il s'arrête , il déli-
bère ; tantôt il reste immobile, tantôt il retourne
sur ses pas. Qu'on dise si tout cela ne constitue pas
un être vivant et réfléchissant.

Moyens de ranimer et de prolonger la vie des insectes décapités, par le même auteur.

Lorsque la tête du cerf-volant étoit immobile, et paroissoit sans vie, l'auteur l'exposoit au soleil, et bientôt elle se ranimoit ; quand il ne faisoit pas de soleil, il la réchauffoit avec son haleine. La chaleur du soleil convient tant que les parties coupées sont fraîches ; mais lorsque ces parties se dessèchent, elle augmente le desséchement et accélère la mort de l'animal. Dans ce cas, la chaleur humide de l'haleine convient mieux, parce qu'en retardant les progrès du desséchement, elle fait vivre l'animal plus long-temps. La vapeur de l'eau chaude réussit aussi très-bien ; ce procédé est même préférable au souffle de l'haleine, parce qu'il est moins gênant.

Le plus grand nombre des faits qui viennent d'être décrits ne sembleroit-il pas annoncer,

1°. Que les nerfs peuvent naître, croître, se développer et sentir indépendamment du cerveau ;

2°. Que les nerfs du cerveau peuvent suppléer jusqu'à un certain point aux fonctions de ce viscère, comme les observations faites sur le cerveau de M. de Vougny et celui du bœuf le prouvent (10) ;

(10) Il y a lieu de croire que dans un état tel, les nerfs s'habituent peu-à-peu à suppléer à la force d'action du cerveau, à mesure qu'il se solidifie ; car une disposition semblable ne peut se faire promptement. C'est par la nécessité seule qu'avec le temps une portion organique peut s'accroître,

3°. Que chaque nerf et même chaque portion de nerf a la force vitale nécessaire pour animer et faire sentir aux parties dans lesquelles ils se distribuent les impressions qu'ils éprouvent ; que le nerf ne les communique à ses branches continuées que quand la dose de sensations est trop forte pour lui ; qu'alors, si les autres branches nerveuses ont encore une superquantité de sensation, il les transmet à d'autres ; qu'ainsi de proche en proche tout le système nerveux peut être en action par une suite de la même cause ; et qu'au contraire chaque nerf peut concentrer en lui-même sa sensation, et s'y complaire un certain temps ;

4°. Que les nerfs agissent ou ensemble ou isolément les uns des autres, et qu'ils s'aident de leurs forces plexulaires au besoin, ce qui est prouvé par l'immense variété de mouvemens et de sensations que l'homme et les animaux éprouvent dans tous les instans de leur vie ;

5°. Que la perfectibilité de la sensation dépend vraisemblablement de l'accumulation ou de la distribution de la substance nerveuse, si toutefois les parties qui sentent mieux et plus long-temps sont celles qui contiennent et reçoivent le plus de matière nerveuse ;

acquérir plus de force vitale, et remplacer les fonctions de celle avec laquelle elle étoit en rapport. Cependant une fonction secondaire de ce genre n'approche jamais de la perfectibilité dont elle jouissoit quand le tout étoit harmonisé par les premières lois de l'animalisation.

6°. Que

6°. Que la vie est plus tenace dans les foyers ani-maux où il y a beaucoup de nerfs, puisqu'il y a des animaux d'un même ordre dont les parties séparées vivent plus long-temps que d'autres divisées de la même manière ;

7°. Que, les excitemens produits par les métaux ou par des courans que donneroient d'autres subs-tances peuvent être d'un grand secours dans cer-taines maladies, sur-tout dans l'asphixie, la para-lysie, la léthargie, etc. en un mot, dans toutes les maladies où le solide vivant a besoin de beaucoup d'excitabilité;

8°. Que le contact des métaux peut être regardé comme un nouveau thermomètre pour juger de la mort ou de la vitalité actuelle d'une partie du corps ou du tout;

9°. Que la vie et la sensation sont répandues par tout le système; qu'il faut distinguer conséquemment les effets particuliers du plaisir et de la douleur dans le lieu où ils se passent, de ceux produits par cor-rélation dans d'autres parties ?

Les expériences que je soumets à l'examen des savans, et celles faites par Cotugno, Vassali, Valli, Hunter, Galvani, Egel, Gren, Hermestaedt, Humboldt, Jacquin, Lichtenberg, Moll, Schœrer, Sommering, conduiront vraisemblablement à des lois plus précises sur les phénomènes de la vitalité.

Regardons la nature comme un tout immense, et soyons persuadés que ce que les expériences nous font découvrir est la plus petite partie de ce qu'elle

D

renferme. A force d'avoir été étonnés puissions-nous parvenir à ne l'être plus ! Observons, amassons de nouvelles vérités, tâchons de les lier, et attendons-nous à tout : le connu ne peut servir de modèle à l'inconnu, les modèles ayant été variés à l'infini.

OPINION

DE J.-J. SUE,

SUR LA DOULEUR

QUI SURVIT A LA DECOLATION.

PLUSIEURS observateurs français et étrangers sont convaincus comme moi que la décolation est un des plus affreux supplices par sa durée ; c'est ce qui m'a déterminé à retracer par écrit , en y joignant quelques observations nouvelles , les réflexions que j'ai présentées sur cette horrible mort, lorsque j'ai parlé de la sensibilité et de l'irritabilité dans mes cours publics. Depuis que je médite sur les effets de la puissance vitale , j'ai vu avec peine qu'on avoit trop négligé jusqu'ici d'étudier la marche de la sensibilité et sur-tout de ses nuances ; il me paroît évident, d'après des expériences souvent répétées et des observations journalières, qu'il existe deux caractères de sensibilité très-distincts ;

Le premier, celui qui indique la sensation dans le lieu même où l'on souffre ;

Le deuxième, celui qui n'est (si j'ose m'exprimer ainsi) que la conscience ou la perceptibilité de cette sensation.

Je citerai pour exemple la douleur qui naît au gros orteil du pied, et qui a pour cause un violent accès de goutte. Assurément cette douleur n'est pas dans la tête ; si la tête en a la perception, je soutiens que ce n'est que par corrélation.

Je m'explique :

La sensibilité des nerfs du pied, augmentée par l'*aura* de la goutte, avertit les nerfs de la jambe de l'impression qu'ils éprouvent ; ceux-ci produisent le même effet sur ceux de la cuisse ; ceux de la cuisse agissent de la même manière sur les nerfs lombaires, qui communiquent avec le grand sympathique, et se chargent de propager, non la douleur, mais la conscience de la douleur, jusqu'au *sensorium* ou centre d'activité du cerveau. Ce centre alors ne souffre pas, mais il sait que le pied souffre.

Supposons maintenant que la tête du goutteux vienne à être séparée de son corps, peut-on croire que dans l'instant même qui suit immédiatement cette séparation, son pied ne souffre plus ? non, car jusqu'à ce que la vie soit tout-à-fait éteinte, il y aura douleur dans la partie malade du pied ; et la tête, quoique séparée du corps, aura la douleur et la conscience de la douleur, jusqu'à ce que sa vitalité, entretenue par sa chaleur, lui soit enlevée. Le pied n'aura pas la conscience de la douleur de la tête, parce que le pied ne fait pas un centre d'activité assez puissant pour jouir d'une corrélation comme le cerveau ; mais ce centre peut donner au pied la conscience partielle de la douleur qu'éprouvent les parties environnantes.

La preuve de ce fait est tirée de ce qui se passe après l'amputation d'un ou de tous les doigts, soit de la main, soit du pied, ou après celle de l'avant-bras, de la jambe et de la cuisse, et même après l'extirpation de l'œil et de l'organe sexuel mâle ; la plupart de ceux qui ont souffert ces opérations, ont tellement la conscience de l'existence des membres qu'ils n'ont plus, que souvent avec ces membres, ils veulent et croient même faire des mouvemens de toute espèce, toucher ou saisir des corps étrangers ; ils se persuadent qu'ils voient avec l'œil qu'ils n'ont pas. Il y en a même qui ont encore le jugement de la douleur qu'ils éprouvoient pendant leurs maladies ; car plusieurs fois j'en ai entendu, dix, vingt, trente jours, un an même après l'amputation, s'écrier, *que je souffre de mon pied, de ma main, de mon bras, de ma jambe, de mon œil, etc.* !

Il est digne de remarque que si l'on fait des amputations à des enfans de 5 ou 6 ans, ils oublient plus aisément, au bout de quelques années, le membre qu'ils n'ont plus, que s'ils avoient subi cette même opération dans un âge beaucoup plus avancé ; il semble que l'habitude de sentir, et la mémoire de la douleur, augmentent avec la durée de la vie : j'ai été à même de vérifier fréquemment ces faits dans les hôpitaux civils et militaires.

On doit donc présumer que les troncs de nerfs qui restent attachés au tout et qui agissent de concert avec les vaisseaux, les muscles et les parties adjacentes

dans les portions qui continuent de vivre avec le
tout principal, ne perdent pas subitement une propriété inhérente à la fibre organique, et propagent
cette sensation jusqu'au centre du foyer du jugement,
qui alors juge comme il est ébranlé, quoique la cause
de l'ébranlement soit fausse.

La durée de ce jugement est en raison de la forme,
du volume, et du temps que les parties coupées ont
vécu avec le corps; ainsi la réminiscence est d'autant plus forte et plus longue que la partie a une plus
grande concentration de vitalité, et une plus longue
habitude de vivre; d'où l'on peut conclure, ce me
semble, que tous les effets, soit de jugement, soit de
réminiscence, dont nous venons de parler, sont produits par un reste d'excitement dans le cerveau, qui,
par le pouvoir extrême de l'habitude, croit toujours
être en corrélation avec les membres sur lesquels il
agissoit ou qui agissoient sur lui.

A en juger d'après les expériences faites sur des
membres d'hommes vivans, et sur lesquels on a em-
ployé les moyens d'irritation de *Galvani*, il paroît
prouvé que la sensibilité peut durer un quart d'heure
et un peu plus dans les différentes parties de la tête,
vu que la tête, à cause de son épaisseur et de sa forme
ronde, ne perd pas sitôt sa chaleur. D'ailleurs, si
l'on réfléchit sur l'anatomie du cerveau, et particulièrement sur la manière dont les artères carotides et
vertébrales se distribuent; si l'on fait attention à la
disposition de leurs trois courbures avant d'y arriver,
à leurs divisions incommensurables, et plus encore
à leur structure particulière; si après cela on les

suit dans leurs rapports avec les veines et les
sinus de ce viscère, dont les replis multipliés et
les formes tortueuses retardent prodigieusement le
dégorgement du sang dans les golfes des jugulaires;
on n'aura aucun doute sur la marche lente de la circulation du sang dans le cerveau, et on se persuadera
aisément que le mouvement circulaire avant d'avoir
parcouru tout le système d'artères, de veines et de
sinus dans cet organe, se fait beaucoup plus lente-
ment que dans les autres parties du corps. Une autre
observation que les anatomistes et les physiologistes
connoissent, c'est que l'action artérielle tend toujours
à pousser le sang vers le point qui lui offre moins de
résistance. Croit-on qu'il soit possible que le sang
lancé vers la tête par les artères carotides et vertébrales, soit versé par les mêmes vaisseaux tenant à la
tête, quand ils viennent d'être coupés? non, car le
sang contenu dans les artères qui tiennent à la tête
continue d'être porté instantanément par leur force
contractile vers les points de sa destination, et le
sang qu'on voit sortir sur-le-champ par les veines
jugulaires qui tiennent à la tête, n'est pas encore
celui qui y étoit porté une seconde avant la décolation, mais bien celui qui y étoit porté quelques secondes auparavant; c'est ce qui doit faire présumer que
l'intervalle qu'il y a depuis les points de section des
artères carotides et vertébrales, jusqu'au point de
section des veines jugulaires tant internes qu'externes, est très-considérable, puisque cet intervalle est
rempli non-seulement par la division des artères carotides et vertébrales qui fournissent toutes celles du

cerveau, mais encore par toutes les veines et les sinus
de ce viscère multipliés à l'infini. La circulation
établie dans ces vaisseaux doit donc continuer de se
faire dans les différens points de cet organe, tant que
l'influence et la force vitale y subsistent ; or cette
influence et cette force ne cessent qu'avec la dissi-
pation de la chaleur vitale.

· Le vulgaire ne calcule ordinairement l'existence
de la douleur que sur l'expression plus ou moins
forte de la voix ; tel est le préjugé qu'il faut détruire.
En effet s'il n'y avoit de corps souffrans que ceux
qui expriment leur douleur par la voix, on pourroit
impunément faire subir toute espèce d'excitement
à ceux qui ne jouissent pas de cet organe ; car dans
l'hypothèse que je combats, ils sont censés ne pas
souffrir, puisqu'ils ne démontrent la douleur ni par
des cris, ni par la parole.

.L'expression de la douleur par la voix n'est pas
toujours le signe le plus frappant de cette situation ,
quoique souvent il soit le plus trompeur.

Les médecins et sur-tout les chirurgiens, à l'ins-
pection d'une maladie interne ou d'une plaie, sans
que le malade profère un mot, sans qu'il pousse un
soupir, savent estimer la douleur réelle qu'il en-
dure ; ils peuvent même pronostiquer dans certaines maladies, qu'à tel temps il souffrira davantage.

Combien d'animaux, de plantes souffrent sans pouvoir faire connoître leur douleur par les cris, ou
par un bruit quelconque ! S'il est évident qu'un corps
vivant peut souffrir sans crier ou sans parler, le
cri et la parole dans la douleur ne sont donc pas des

signes certains de cette impression. On peut tout au plus les considérer comme des signes accessoires.

Les symptômes les plus sûrs de la vraie douleur sont le changement de couleur ou de forme dans la partie affectée, son degré de chaleur très-augmenté, un mouvement fébrile très-prononcé, une inquiétude générale répandue dans la partie, qui fait qu'elle ne peut rester dans la même place.

Si l'on m'objectoit qu'il arrive souvent maladie et douleur sans qu'aucun des symptômes que je viens d'indiquer se manifeste ; je répondrois qu'alors tous les points malades sont imperceptibles, et échappent à la meilleure vue comme au meilleur microscope : s'il étoit possible de les apercevoir, on les verroit avec tous les changemens caractéristiques énoncés ci-dessus.

Dans certaines affections nerveuses, quoique la partie extérieure du membre malade paroisse dans l'état le plus naturel de santé, si l'on pouvoit suivre les nerfs à nu dans leur état de crise, on seroit étonné de leur altération ; aussi quand la maladie devient cutanée, que de changemens on aperçoit dans l'état de la peau ! par combien de nuances de couleur elle passe ! Quelle sensibilité n'y remarque-t-on pas ? quelle augmentation de chaleur ! quelle différence dans sa forme et dans sa texture !

Ne peut-on pas conclure de toutes ces observations que nous n'avons encore que très-peu de données sur les véritables symptômes de la douleur, et que notre jugement à ce sujet est souvent erroné ?

On ne peut apprécier les effets des causes mortélles, que quand ceux sur lesquels ils agissent ont le bonheur de revenir à la vie, à la suite de ces causes destructives ; ces espèces de ressuscités peuvent alors dire ce qu'ils ont éprouvé, premièrement au moment où la vie a paru les abandonner, secondement à l'instant où elle a repris ses droits. Les personnes, par exemple, qui accidentellement et momentanément ont été asphixiées ou noyées, ou qui ont éprouvé une forte commotion électrique, peuvent rendre compte de ce qu'elles ont senti dans cet état fâcheux, puisqu'elles ont eu la conscience de l'asphixie ou de la noyade. Toutes celles qui ont été interrogées à la suite de ces accidents, se sont accordées à dire qu'elles étoient alors dans un tel degré de *collapsus* ou d'affaissement qu'elles n'avoient le sentiment d'aucune douleur, et cependant une seconde de plus d'asphixie ou de noyade pouvoit leur ôter la vie (1).

(1) Le fait aussi intéressant que singulier, rapporté par Bacon (*Historia vitæ et mortis*), peut faire connoître ce qu'un patient éprouve avant la mort, dans un autre genre de souffrance.

Bacon dit qu'il a connu un gentilhomme à qui il prit fantaisie de savoir si ceux que l'on pend souffroient beaucoup ; il en fit l'épreuve sur lui-même. Son expérience fût devenue mortelle sans un ami qui arriva à temps pour en interrompre la suite.

Le fruit d'une curiosité si bizarre fut d'apprendre qu'on ne sentoit point de douleur dans ce genre de mort, et que celui qui s'y étoit exposé avoit seulement aperçu dans ses yeux une espèce de flamme qui s'étoit peu à peu changée en obscu-

Il n'en est pas de même des moyens meurtriers
qui confondent , coupent ou brisent ; plus l'action
meurtrière a de célérité et de précision , plus ceux
qui y sont exposés conservent long-temps la conscience de l'affreux tourment qu'ils éprouvent : la
douleur locale , à la vérité , est moins longue , mais
le jugement du supplice a plus de durée , puisqu'a-
lors l'impression de la douleur avertit, avec la rapidité de l'éclair, le centre de la pensée de ce qui
se passe. L'action meurtrière prolongée partage l'af-
fection de l'ame entre la douleur qu'elle éprouve et
le jugement qu'elle doit en porter ; on conçoit qu'une
impression physique pourroit à la rigueur se calcu-
ler , mais qu'une impression morale aussi entière et
communiquée aussi rapidement, doit être d'un effet
incommensurable.

Supposons-nous par la pensée à la place de ce malheureux patient qu'un fatal arrêt vient de condamner

rité , puis en couleur bleue , comme quand on tombe en
syncope.

Faure , chirurgien très-distingué à Lyon , m'a dit avoir vu
un homme qui s'étoit pendu deux fois et qu'on avoit secouru à
temps ; il ne se plaignoit que d'une douleur à la tête et au
gras des jambes.

Plusieurs personnes qui se sont pendues ou même qui ont
été pendues par d'autres , mais qui sont revenues à la vie,
assurent qu'on peut se figurer le sentiment que fait éprouver ce
genre de mort comme un doux sommeil. Dans le moment de
l'étranglement le sommeil mortel s'étoit emparé d'elles sans
douleur particulière , sans le sentiment d'une angoisse quelconque, et elles en sont sorties comme d'une simple foiblesse.

au supplice de la décolation (2), et suivons - en
l'effet; car j'omets à dessein les détails de l'appareil dégoûtant et horrible de cette mort. Celui qui
par philantropie en a étudié les affreux résultats,
ne sauroit se les rappeler sans frémir. La hache ou
faulx qui sépare la tête du cou, quoiqu'elle paroisse
agir avec la plus grande accélération, n'agit pour-
tant qu'en raison du poids qui la précipite sur le cou;
or un poids qui détermine une section aussi prompte,
dans un des points du corps où les parties sont très-
variées par leur structure et leur sensibilité, nous
paroît devoir produire sur-le-champ une corrélation
de douleur qui deviendra d'autant plus forte qu'elle
opère à-la-fois et en sens contraire, un effet subit sur
les deux régulateurs les plus puissans de la vie : 1°. le
cerveau, premier régulateur, par l'accessoire de wil-
lis ou le nerf spinal, par le plexus cervical, par plusieurs paires cervicales, et par la moelle de l'épine,
les grands sympathiques, la huitième paire, les nerfs
diaphragmatiques; 2°. le cœur, deuxième régulateur, par une partie des mêmes nerfs, par les artères carotides, les artères cervicales, vertébrales, et
les veines jugulaires, internes et externes.

Il n'est question ici ni des muscles, ni des os, encore moins des cartilages; j'observerai seulement que
la section de toutes ces parties n'est pas toujours nette,
qu'il y a plusieurs exemples de guillotinés, sur la
tête desquels il a fallu réitérer plusieurs fois la chute
du tranchant fatal. Eh bien ! dans de pareilles

(2) Appelé *guillotine* en France.

circonstances, n'y a-t'il pas nécessairement des écra-
semens partiels? que l'on combine alors et qu'on ap-
précie les effets d'irritation produits par les esquil-
les, tant sur les nerfs et les vaisseaux que sur la
moelle de l'épine et les fibres musculaires. Je crois
entendre ceux pour qui la douleur n'est qu'un songe,
objecter que le temps de ce supplice étant très-court,
la douleur doit être presque nulle. Ignorent-ils donc
ces gens apathiques que la douleur d'une seule minute est d'une durée incalculable pour celui qui souffre (3)? Combien elle est plus atroce quand le patient
l'attend et l'entend réitérer plusieurs fois ! Quelle
situation plus horrible que celle d'avoir la perception
de son exécution, et à la suite l'arrière-pensée de
son supplice ! On lit dans le Magasin Encyclopédique, deuxième année, *tome 5, page* 164, qu'il ne s'agit
pas de savoir si lorsqu'une jambe est coupée et qu'on
la cautérise, il y a douleur dans cette jambe ; si lorsqu'on irrite une patte de grenouille séparée du
corps, il y a douleur dans cette patte ; mais si
l'homme à qui appartenoit cette jambe, si la grenouille à qui appartenoit cette patte, ont le sentiment
ou la conscience de la douleur : je réponds à cette
objection qu'il importe absolument dans l'exécution
d'un supplice de savoir si toutes les parties meurent
à-la-fois ou si elles meurent en détail ; car si on
m'accorde que la tête coupée a la perceptibilité
ou la conscience de sa douleur ou plutôt de son

(3) C'est dans ce sens qu'un de nos plus grands poëtes a dit:
« *Ah ! qu'une nuit est longue à la douleur qui veille !* »

supplice une seconde seulement, il faut avouer que
l'idée que cette pensée peut exister dans la tête de
son semblable quand elle est séparée, fait frémir
l'homme le plus exercé au crime ; que doit donc
éprouver l'ami de l'innocence et de la vertu ! Je vais
plus loin : si le corps d'après sa division souffre localement, c'est-à-dire (comme je l'ai toujours avancé,
quoiqu'on ait voulu me faire parler autrement) sans
aucune corrélation, il n'en est pas moins vrai que
le corps souffre. Pourquoi donc vouloir regarder
comme nulles les douleurs du corps parce qu'il ne
tient plus à la tête ? il souffre comme corps, et la
tête comme tête ; si le corps étant ensuite divisé en
plusieurs parties, chacune de ces parties éprouve
à sa manière l'impression de séparation qu'elle vient
de subir, il est démontré que la douleur se trouvant prodigieusement disséminée, toutes les portions du corps
quoiqu'ayant souffert isolément, et n'ayant pas eu
de corrélation entre elles, auront souffert beaucoup
plus que par un moyen qui pourroit dans le même
instant les tuer toutes à-la-fois, en anéantissant sur-
le-champ le courant vital. Il n'est donc pas indifférent
de savoir, d'après mon opinion, si, lorsqu'une jambe
est coupée et qu'on la cautérise, il y a douleur ; si
lorsqu'on irrite un membre quelconque, une patte
de grenouille, même séparée du corps, il y a douleur dans cette patte. Je ne crois pas que l'homme
à qui appartenoit la jambe, et la grenouille à qui
appartenoit la patte aient le sentiment ou la conscience de la douleur que l'on fait subir à leurs
parties ; mais ce que je crois très-fermement, c'est

que la tête 'sent, tant qu'elle vit, 'la douleur des
excitemens qu'on lui fait éprouver, et elle les sent
beaucoup plus vivement que les autres parties ne
peuvent sentir chacune les excitemens particuliers
qu'on leur fait subir ; car le cerveau, sur-tout celui
de l'homme, outre la douleur locale qui s'exerce
sur tout son foyer situé dans un lieu très-épais et
d'une forme sphéroïdale, forme qui lui fait conserver plus long-temps sa chaleur et le courant vital,
a de plus l'habitude de juger pendant sa vie des sensations, au lieu que les autres parties du corps n'ont
pas cette réunion d'avantages : aussi, à proportion
gardée de volume, elles périssent plus vite.

D'après nos observations, le centre d'activité du
cerveau étant considérablement augmenté, la pensée,
bien loin d'être éteinte, vit toute entière, et ce qu'il
y a de plus affreux pour elle, c'est que les moyens
de faire juger aux assistans son étonnante conception lui sont enlevés.

Ceux-là seuls qui connoissent les véritables signes
de la douleur, peuvent concevoir cette atroce position, et suivre tout ce qui se passe dans cet atelier
de la pensée.

On observoit encore dans les têtes séparées différens mouvemens des paupières, des yeux, des lèvres,
des convulsions même dans les mâchoires, quand les
bourreaux les tenoient suspendues. Si ces têtes avoient
pu exprimer autrement que par des mouvemens convulsifs, et par un regard égaré et presque étincelant,
tout ce qu'elles ressentoient, quel homme eût pu
soutenir un pareil spectacle !

Plusieurs personnes assurent avoir vu grincer les dents, mordre même après que la tête a été séparée du corps. Ce qu'il y a de certain, c'est que des hommes à qui le cou n'avoit été qu'à demi coupé ont crié; on doit être convaincu que si l'air circuloit encore régulièrement par les organes de la voix qui n'auroient pas été coupés, il lui laisseroit la faculté d'agir et de se faire entendre.

Si par une supposition que nous pouvons hasarder ici, on avoit pu, avant l'égorgement de ces malheureux, convenir avec quelques-uns, des mouvemens que dirigeroit après l'exécution leur conscience, par leurs paupières, leurs yeux ou leurs mâchoires, ne fût-ce que pour désigner par ces mouvemens convenus, s'ils avoient la conscience de leur supplice, ne doutons nullement que par amour pour l'humanité ils n'eussent consenti à faire tourner cette triste expérience à l'avantage de leurs semblables.

Bailli, Malesherbes, Roland, auroient été capables d'un tel hérbïsme; l'infortuné Lavoisier, sur la tombe duquel tous les savans répandront long-temps des larmes, auroit saisi avec enthousiasme cette idée; dans l'impossibilité où il étoit d'échapper à ses bourreaux, il auroit mis à profit ses derniers momens pour en faire connoître toute l'horreur.

Il est à remarquer que l'idée qu'on a de la mort par la guillotine, détermine plus facilement à la subir par la persuasion dans laquelle on est qu'on ne souffre pas ou au moins très-peu.

Je ne doute pas que si des excitemens de différens genres étoient exercés sur les têtes des suppliciés,

qui

qui doués d'une plus forte dose de puissance vitale, conservent plus long-temps toute la vigueur de leur cerveau, ils ne produisissent des effets dont les philosophes naturalistes peuvent seuls avoir le pressentiment (4).

Je suis encore presque sûr qu'à travers tous ces désordres nerveux, vasculeux et musculaires, la puissance pensante, entend, voit, sent, et juge la séparation de tout son être, en un mot la personnalité, le moi vivant.

Il y a plus, tout tend à prouver que le cou, la poitrine, le bas-ventre, les extrémités, ont aussi leurs

(4) Liveling a souvent fait sur les lieux du supplice l'expérience d'irriter la partie de la moelle épinière, qui étoit restée attachée à la tête après la séparation, et il assure que les convulsions de la tête ont été terribles.

Haller dit : (*Elementorum physiologiæ*, tom. IV, pag 35, *in homine.*) *Legimus caput resectum miré torsum respexisse eùm digitus in medullam spinalem immitteretur.*

Weicard, célèbre médecin d'Allemagne, a vu se mouvoir les lèvres d'un homme dont la tête étoit abattue.

Dans l'ouvrage intitulé, *de la Connoissance des Bêtes*, page 53, l'auteur, ayant parlé des insectes et des chiens qui vivent et remuent après avoir été divisés, ajoute : « On voit » la même chose dans les hommes ; et tandis que d'une part » une tête coupée tourne les yeux pour témoigner de la dou- » leur, remue les lèvres pour parler, mord la terre comme par » une espèce de rage, d'autre part le cœur ne laisse pas de » palpiter régulièrement pendant quelques instans ».

En rapportant l'histoire d'un jeune Indien, que les barbares sacrifioient à leurs fausses divinités : « Ce misérable, dit le » même auteur, ayant la poitrine ouverte, le cœur arraché, » ne laissoit pas de vivre, se plaindre, et même parler ».

E

sensations et leur moi particulier, lesquels suivent
la marche de la chaleur et ne se sentent plus que
lorsque cette flamme de la vie est entièrement dis-
sipée. Ne peut-on pas croire sans invraisemblance
que parmi un tas de corps amoncelés dans des pa-
niers, et dont les veines laissent échapper un sang
qui jouit encore de toute sa chaleur vitale, les corps
se contractent, se pressent, pour ainsi dire, les uns
contre les autres, que leurs nerfs ont un reste de
sentiment, et que les muscles, au milieu desquels
ils se trouvent, ont encore une action simultanée?

Il est vrai que la plupart de ces parties n'ont
plus d'effet de corrélation sur le cerveau; mais
qu'importe pour le corps qui souffre? la corrélation
n'est que le moyen par lequel un point du corps
transmet à l'autre l'impression qu'il éprouve. Il ne
faut jamais confondre la corrélation avec la douleur;
est-il prouvé que sans corrélation il n'y ait pas douleur? est-il démontré qu'un membre séparé du corps
ne souffre pas? Le résultat de mes observations et
d'un nombre d'expériences que j'ai faites ou suivies
dans les écoles de médecine d'Edimbourg, et en
France dans les différens hôpitaux, tant civils que
militaires, où j'ai exercé, m'a convaincu que les
membres séparés souffrent, qu'ils expriment à leur
manière ce qu'ils sentent, et que cette expression
suffit à l'observateur pour être certain de leur
douleur.

Gallien ne nous dit-il pas que l'Empereur Com-
mode coupoit la tête à des autruches dans le cirque
avec une flèche en croissant, et que ces animaux

n'en continuoient pas moins leur course j'usqu'au bout de la carrière ? Depuis, Bacon, Perrault, Charas, Caldezi, Boerhaave et plusieurs autres physiologistes ont recueilli une grande quantité d'observations parfaitement semblables.

Perrault a vu le corps d'une vipère à qui il venoit de couper la tête, continuer à ramper vers le tas de pierres où elle avoit l'habitude de se retirer.

Dans le laboratoire de Charas, une tête de vipère fit, plusieurs jours après avoir été coupée, des morsures dangereuses.

Enfin, Boerhaave répéta sur un coq l'expérience des autruches; il lui coupa le cou dans le moment où l'animal s'élançoit vers du grain qui lui étoit présenté à plus de 20 pas, et le tronc continua son élan jusqu'à l'endroit où étoit le grain. Il est bien plus avantageux de faire la décolation sur les animaux dans l'action qu'ils exercent le plus ordinairement et pendant laquelle plus de courans vitaux se concentrent dans le cerveau. Je suis convaincu que le mouvement du corps séparé de la tête suivroit celui auquel il est accoutumé, tant a d'effet le pouvoir extrême de l'habitude (5).

(5) Fontana a fait beaucoup de recherches curieuses sur les affections propres aux différentes parties du corps isolées par l'amputation.

On a aussi remarqué que des têtes de serpens, de lézards, de vipères, ont fait des blessures mortelles long-temps après leur séparation d'avec le corps. Des tortues ont vécu six mois entiers la tête coupée.

Le membre séparé du tronc souffre localement,
quand il est seulement blessé et non séparé ; les
nerfs peuvent avertir le cerveau par une suite d'os-
cillations nerveuses, qui répondent au point de la
douleur : alors le cerveau souffre passivement de ce
qu'un des points d'une des parties du corps avec
laquelle il est en relation souffre, ce qui prouve,
ainsi que je l'avance, que des corps humains et des
corps d'animaux peuvent vivre, se développer et
sentir sans cerveau et sans moelle épinière, ou avec
une moelle épinière sans cerveau. Si les faits sont
constans, les anatomistes et les phisiologistes sont
depuis long-temps dans une grande erreur, en as-
surant que les nerfs tirent leur origine du cerveau et
de la moelle épinière, et qu'en conséquence l'un et
l'autre sont les seuls organes sensibles ou ceux dans
lesquels les nerfs viennent puiser leur sensibilité.
N'est-il pas prouvé que des animaux et des hommes même ont joui de la vie sans cerveau, ni
moelle épinière? et cependant ils avoient des nerfs
dans toutes les parties du corps, comme ceux qui
ont un cerveau et une moelle épinière, ce qui suffit pour constater d'une manière évidente qu'on
peut avoir des sensations sans moelle épinière et
sans cerveau.

Boyle a vu des mouches sans tête s'accoupler, et les femelles
produire des œufs.

Caldani, Fontana ont observé que les intestins se meuvent
à peine dans un animal qu'on ouvre vivant, mais qu'aussitôt
qu'il est mort ou regardé comme tel, ils se meuvent des
heures entières.

Et s'il est démontré que les nerfs sont les agens sensibles, je demande ce que l'on doit conclure de ces observations, car les nerfs sont aussi bien organisés dans cet individu qu'on appelle monstre, que dans ceux qui jouissent d'une organisation complète, et où les nerfs sont distribués dans différentes parties comme agens propres à recevoir ou à communiquer une sensation, ou bien leur fonction nerveuse est inutile; mais alors pourquoi existent-ils? Si l'on admet l'usage des vaisseaux, des muscles, des ligamens et des viscères de ces individus, pourquoi refuser aux nerfs les propriétés que l'on suppose dans les individus bien organisés? C'est que l'homme, toujours habitué à ne juger des impressions des autres corps vivans que d'après les siennes propres, ne peut pas isoler son *moi* moral de son *moi* physique, il rapporte tout à ce *moi* moral, et à l'instant qu'il l'isole de son *moi* physique, il regarde l'un et l'autre comme tellement séparés, que ce *moi* physique n'est plus rien pour lui, mais le *moi* moral tout. S'il vouloit un peu plus réfléchir, il reconnoîtroit qu'une foule d'êtres dans la nature n'agissent que mécaniquement et sentent matériellement, que la différence des nuances des sensations vient de la différence de l'organisation mécanique et matérielle des parties, que les organes des sens par exemple, ne sont point formés de la même manière dans tous les corps vivans animaux, et que chacun a un centre d'activité qui le fait juger différemment, parce que le but n'est pas le même; il observeroit que malgré la présence des nerfs dans tous ces organes, ces nerfs n'ont pas tous la même

consistance ni le même volume , les uns étant peu
multipliés et durs , tandis que d'autres sont seuls et
mous , que plusieurs sont pulpeux , que quelques-uns
ont à leurs extrémités des espèces de cavités, et que
chacun transmet comme l'éclair son impression à
son centre d'activité : Ces impressions cependant ne
se confondent pas , car la sensation de la vue ne peut
être remplacée par celle de l'ouïe , ni celle de l'ouïe
par celle du toucher ; l'un peut jusqu'à un certain
point suppléer à l'autre , mais quelle différence d'effets
et de pureté dans la sensation ! D'après ces considérations je demande si chaque organe peut être l'agent
de l'autre ? si la tête peut agir pour la poitrine , la
poitrine pour le bas-ventre , le bas-ventre pour les
extrémités inférieures et réciproquement.

L'anatomie démontre dans chaque foyer d'activité
des plexus , des centres nerveux ou ganglions qui paroissent être les points de départ ou de rapport des
sensations ; dans l'hypothèse qu'une partie est séparée
au-dessus ou au-dessous , la partie du *moi* nerf qui
reste n'a plus de sensation , et comme ce *moi* ne peut
plus s'étendre dans les rapports qu'il avoit auparavant, il perd toute sa force et ne sauroit communiquer qu'à lui-même l'impulsion qu'il éprouve ; il
forme un être à part qui n'a plus de rapport avec
l'autre , et l'autre ne peut plus en avoir avec lui ; il
ne doit donc plus lui rester qu'une impression mo-
mentanée qui ne fait rien aux parties avec lesquelles
il étoit continu , mais qui agit sur elle-même. Si cette
partie coupée a beaucoup de nerfs correspondans à
des ganglions et à des plexus , le *moi* sentant existe

plus long-temps dans cette partie , puisqu'il y aura
encore des points de rapport ; car pourquoi veut-on
admettre sensation seulement dans le cerveau , sans
l'admettre dans les ganglions qui ont une organisation
qui se rapproche beaucoup de celle du cerveau ? Il
faut méditer ces réflexions , et peut-être s'éclairera-t-on
alors sur les véritables foyers des sensations , en re-
marquant que bien loin d'être concentrée dans un seul
point comme le pouvoir de l'habitude porte à y croire ,
cette propriété est répandue par-tout , fait le bonheur
de chaque organe en particulier , concourt même à
l'entretien de sa vie et de sa fonction ; seulement
on sentira que cette propriété a bien plus d'influence
dans l'atelier de la pensée , puisque là elle peut être
remuée par une plus grande masse et par des organes
plus exercés à la faire agir.

La tête séparée du corps , les paupières et les yeux
conservent encore de la mobilité , les mâchoires se
meuvent ; les extrémités isolées , les muscles , se contractent et se relâchent , cherchent même des points
d'appui ; et l'on peut , en conservant chacune de
ces parties dans des endroits chauds , faire durer plus
long-temps leur vitalité et leur sensibilité (7).

Le cœur séparé de ses vaisseaux , pâlit , rougit , se
meut pendant plusieurs minutes. Si on a l'attention
de lier les vaisseaux avant de le séparer , et si on les
coupe au-dessus de la ligature , comme on conserve
plus long-temps le calorique du sang qui y reste , le
cœur vit plus long-temps.

(7) Je me propose de donner par la suite une série d'obser_
vations sur ce phénomène très-remarquable.

J'ai répété les mêmes expériences sur les extrémités des grenouilles , j'ai lié les vaisseaux avant de les séparer ; elles ont , comme le cœur , vécu plus long-temps.

Les intestins conservent aussi quelques instans leur mouvement péristaltique : en un mot la vitalité se montre à l'observateur dans les parties isolées , comme dans le tout ; mais quand il n'y a plus d'ensemble , la vie s'éteint insensiblement dans chacune des parties à mesure que la chaleur décroît , la sensibilité se retire, et l'irritabilité cesse.

Plusieurs physiologistes croient qu'il y a une si grande différence entre l'organisation des animaux et celle du corps humain , qu'ils regardent les expériences faites sur eux , comme peu probantes , à l'égard de l'homme ; mais cependant les vrais observateurs ont de tout temps reconnu qu'il y a une grande identité entre plusieurs expériences faites sur l'homme et sur les animaux , qu'il y en a qui produisent les mêmes effets et des résultats très-analogues. Je demande , par exemple , si l'asphixie ne produit pas à l'instant les mêmes effets sur l'homme et sur les animaux ? Si l'on accorde ce fait , pourquoi veut-on trouver une différence entre les résultats subits de la décolation des animaux et de celle de l'homme ? Il y a des différences , à la vérité , pour la durée de la vie, mais il n'y en a pas pour l'effet subit , car d'après les procès-verbaux il est constant que parmi les gallinacés soumis aux expériences , la tête et le corps de tous n'ont pas vécu également. Parmi les mammifères les uns ont présenté les mêmes résultats , mais on a

pu

pu remarquer des différences considérables dans la vie
de la tête et celle du corps ; car il paroît que la grandeur et la convexité du crâne indiquent la sensibilité,
comme le prolongement et la grosseur des mâchoires
indiquent la brutalité.

Il se présente ici une réflexion qui peut aider à faire
quelques pas dans l'étude de la sensibilité. Observons
bien, avec les philosophes les plus modernes du
siècle, que de tous les êtres organiques, que nos sens
découvrent, il n'en est aucun, excepté l'homme,
dans lequel se rassemblent plusieurs espèces de vies
différentes entre elles, et qui cependant se réunissent
d'une manière merveilleuse pour ne former qu'un
seul tout.

Ces espèces de vies qu'on peut réduire à trois, sont
la vie *morale*, la vie *intellectuelle* et la vie *animale* ; ainsi *connoître*, *desirer*, *agir* ou bien *regarder*, *penser*, *sentir*, voilà ce qui rend l'homme
un être *intellectuel*, *moral*, *physique*. Doué de
ces facultés, de ces trois régulateurs de la vie, il est
pour lui-même l'objet le plus digne d'un examen at-
tentif et en même temps le plus digne observateur ;
quand un de ces régulateurs manque, l'harmonie
cesse, c'est-à-dire qu'il y a désordre dans le système
vital.

Il est à remarquer que le sentiment, la personnalité,
le *moi* de chaque régulateur reste vivant et se retire
à mesure que la chaleur décroît. Le moi *intellectuel*, le moi *moral*, et le moi *animal*, peuvent
donc vivre quelque temps indépendans l'un de l'autre,
et avoir chacun un arrière-sentiment, non de rémi-

F

niscence, mais de localité, dont la durée est en raison
de l'habitude qu'il a de vivre, du genre d'excitement
qui l'a le plus souvent stimulé, de la forme des parties dans lesquelles il a vécu, et des relations plus ou
moins directes qu'il a eues avec les autres régulateurs.

Mais il ne faut pas en conclure que le système ne
souffre plus; au contraire, il souffre bien davantage,
car alors il n'y a plus de régulation, et ce défaut
d'accord arrête la bonne intelligence de tous ces
organes; de là cessation de bien-être, et conséquemment souffrance.

Chaque espèce de force vitale a dans le corps humain un siége particulier où elle se manifeste de pré-
férence; ainsi l'on peut placer la vie *intellectuelle*
dans la *tête*, et *l'œil* alors en est le foyer; la vie
morale dans la *poitrine*, et le *cœur* en est alors le
centre; la vie *animale*, qui est une espèce de végé-
tation, s'étend jusqu'aux *organes de la réproduc-
tion*, qui alors doivent être considérés comme les
foyers ou le centre de cette vie. Ajoutons que le visage
peut être regardé comme le sommaire de ces trois
sensations; le front jusqu'aux sourcils, est le miroir
de l'intelligence; le nez et les joues sont le miroir de
la vie sensible et morale; la bouche et le menton, le
miroir de la vie animale. Nous pouvons donc résu-
mer que la vie intellectuelle est le sanctuaire de l'âme:
car c'est d'elle que jaillit l'éclair de la pensée.
La vie morale est le centre du sentiment: d'elle
naissent toutes les émotions. La vie animale est le foyer
d'où sortent tous les mouvemens automatiques. D'après
cette distinction, il est facile d'observer que la vie in-

tellectuelle peut être séparée pendant quelque temps de la vie morale, et jouir cependant de son action. Les deux autres vies peuvent de même être isolées l'une de l'autre, et conserver quelques minutes leurs effets. Elles ne pourront, à la vérité, s'avertir l'une l'autre de ce qu'elles éprouvent ; mais elles auront encore pendant ce temps la conscience de l'habitude de leur corrélation, ce qui pourroit faire croire qu'une mort, produite par la séparation subite d'un des foyers de vitalité, a la conception, non-seulement de sa mort, mais de celui avec lequel il est en corrélation, au lieu que la mort de tous les foyers à-la-fois éteint dans le même instant tous les centres de vitalité.

Il faut donc conclure de ces faits que dans le choix d'un supplice mortel (puisqu'au dix-huitième siècle on n'est pas assez pénétré de la dignité de l'homme pour sentir qu'on n'a nul droit de lui ôter une vie qu'on ne lui a pas donnée, et que c'est le créateur et la nature qui seuls peuvent s'emparer de cette force agissante) ; il faut, dis-je, conclure de tous ces faits que la mort qui assure avec elle l'abnégation de soi-même, et qui apathise tellement la puissance vivante, qu'elle la tient engourdie et comme anéantie à-la-fois dans tous ses points, est sans contredit la mort la plus douce (1). Il est à remarquer qu'à l'instant où le corps vivant se dissout, ses parties se dispersent, mais pour obéir à d'autres puissances de mouvement et de vie qui sont répandues dans l'univers. Tout est

---

(1) L'asphixie agit ainsi, et c'est le genre de mort que je préférerois.

vivant dans la nature, et la mort aux yeux des philosophes naturalistes n'est qu'un mode de la matière.

N'est-il pas possible que la fin du principe vital soit relative à son origine, si, comme on peut le croire, ce principe est un être à part ? Ainsi en le supposant émané des causes qui animent les mondes, ne peut-il pas, à sa séparation, se réunir à cette cause universelle qui, en remuant le grand tout, renouvelle sans cesse la nature.

Nota. Cet Extrait est tiré du Tome IV, page 154, du Magasin Encyclopéd. journal qui paroît avec succès depuis trois années, et qui contient un grand nombre de Mémoires des hommes les plus distingués dans tous les genres de connoissances ; on y rend compte des Livres nouveaux, français et étrangers ; on y trouve les Nouvelles littéraires les plus intéressantes, l'analyse des Pièces de théâtres, la Vie des Hommes-de-Lettres et des Artistes célèbres, enfin tout ce qui peut tenir au courant de la Littérature, des Sciences et des Arts.

On s'abonne chez Fuchs, Libraire, rue des Mathurins, Maison de Cluny.

De l'Imprimerie du Magasin Encyclopédique, rue des Maçons-Sorbonne, n°. 406.

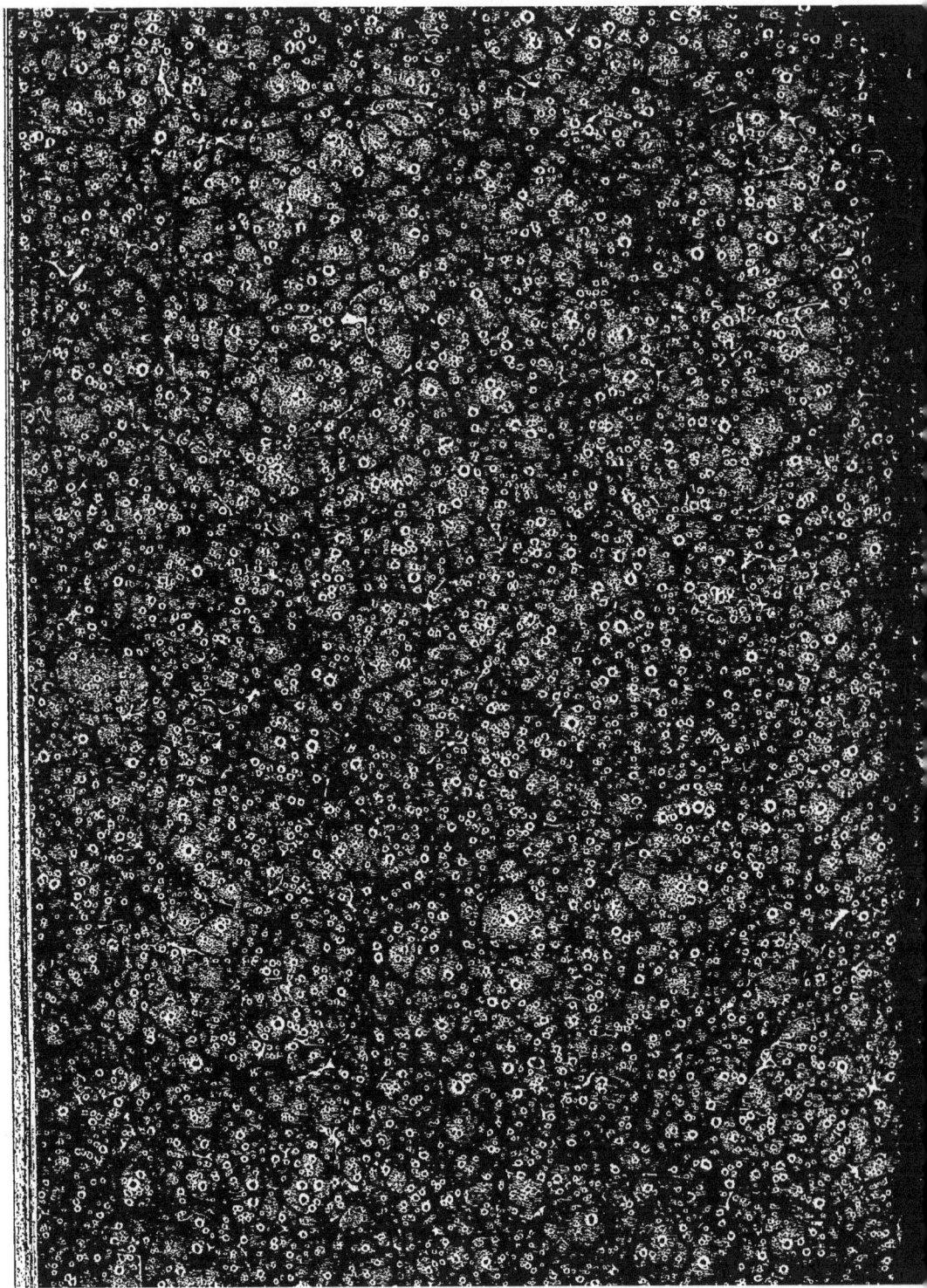

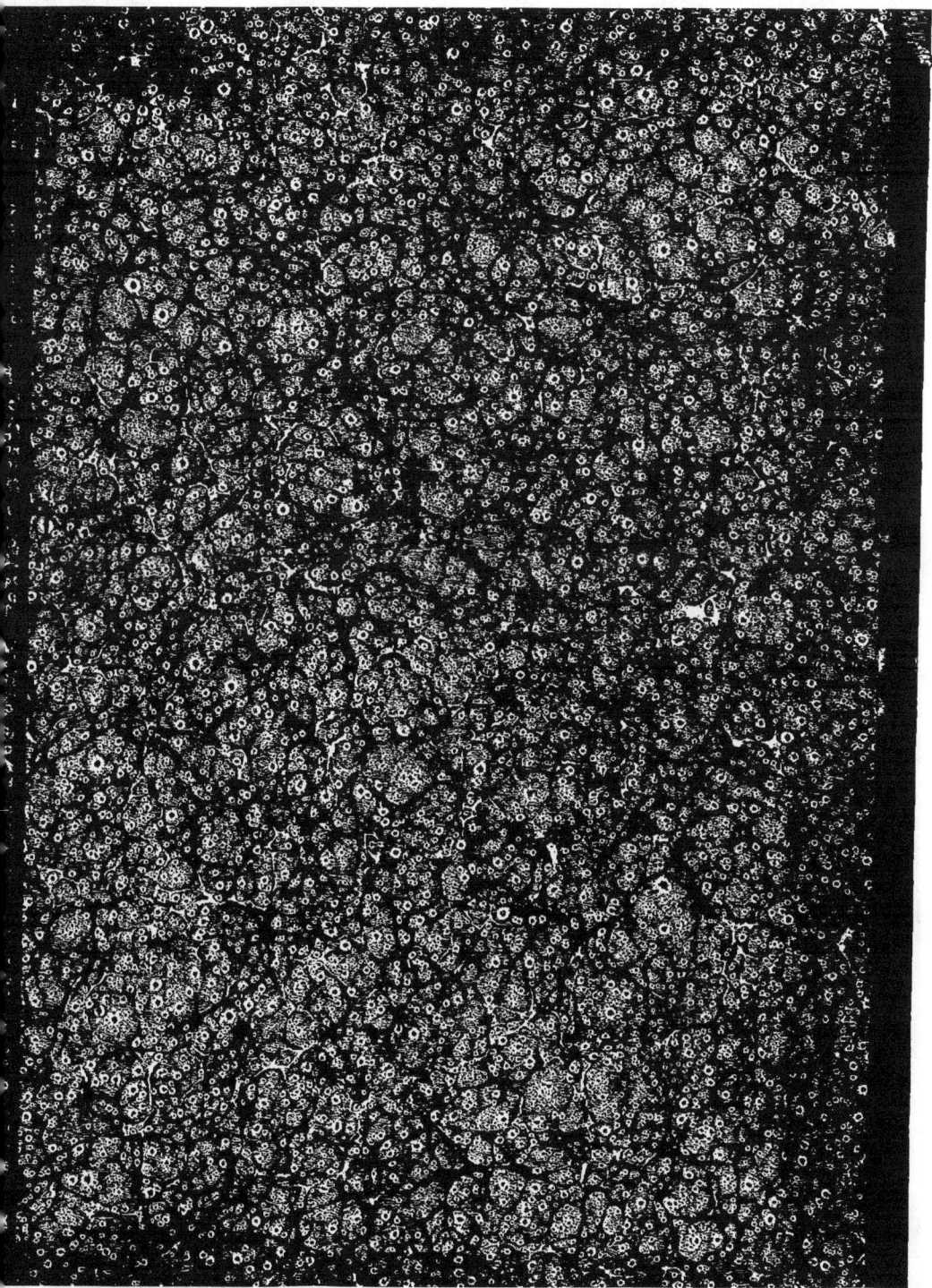

www.ingramcontent.com/pod-product-compliance
Lightning Source LLC
Chambersburg PA
CBHW071526200326
41519CB00019B/6089